柯基的家庭醫學百科

Corgi Style 編輯部／編
童小芳／譯

目錄

柯基犬親人、開朗且笑容迷人，令我們著迷不已，在已持續編製專門介紹柯基犬的雜誌書「Corgi Style」達18年之後，我們Corgi Style編輯部終於出版了這本為柯基犬量身訂做的醫學書籍。

必須事先了解的一般疾病自不待言，還另闢篇章來介紹好發於柯基犬的疾病與應事先留意的疾病。本書中彙整了許多柯基犬飼主會想知道的資訊。請務必善加運用於柯基犬的健康管理！

Corgi Style編輯部

Welsh Corgi

柯基犬是這樣的狗狗

1 腿短身體長且渾圓的屁股為其魅力所在！

目前已從位於威爾士中部9世紀左右的遺跡中挖掘出類似柯基犬的犬隻前腳骨頭。據判該遺跡為古代威爾士皇室的居住遺址，因此柯基犬很有可能曾是古代威爾士皇室的伴侶犬。

2 好動、愛吃、睡得香！一起生活樂趣無窮。

柯基犬曾當過牧羊犬，所以精力充沛又好動。吃喝玩樂是牠們的最愛。一起生活就能從牠們身上獲得積極的力量！

3 聰明且好奇心旺盛！喜歡和飼主一起做事。

柯基犬是對飼主忠誠且易於訓練的犬種。喜歡和飼主一起做事，日常散步自不待言，還可一起享受戶外活動與狗狗運動等各種樂趣。

為了守護柯基犬的健康

愛犬的健康管理掌握在飼主手中。飼主有責任與義務維護牠們的健康。任何疾病或傷口，早期發現並早期治療比什麼都重要，這點與人類並無二致。

為此，日常的健康檢查以及能多早發現異狀為一大關鍵。首先不妨先了解愛犬「平時的健康狀態」。只要事先掌握平常的狀態，便可更容易留意到異常。在進行日常護理或交流時，順便確認耳朵、眼睛與口腔的狀況，或是觸摸全身以檢查是否有腫塊或皮膚異常。

如果感覺到狀況有異，即便輕微也應記錄下來。「晴天／氣溫二十一度／下午四點左右／嘔吐一次／吐出黃色液體／吐完後一切如常」，像這樣具體地記錄，以便向獸醫說明。步伐搖晃不穩等狀況則拍攝影片更有效。

為了早期發現愛犬的異狀

1 每天的檢查不可少

- 進行日常護理的同時，確認耳朵、眼睛、皮膚與體毛是否有異常。
- 透過撫摸或觸碰全身來進行交流，同時確認是否有腫塊或疼痛。
- 行走或奔跑方式是否有異常。
- 食慾與飲水量是否有變化。
- 大小便的量、氣味與次數是否有變化。
- 與平常不同的行為或動作是否增加。

2 如果感覺不對勁

- 記錄覺得異常的情況。
- 可以的話先拍下影片，以便向獸醫說明。

從何時開始感覺到什麼樣的異常？
頻率
發生時段
異常發生持續多久
天氣與氣溫
不久前的行為等

3 事先找好值得信賴且可固定就診的獸醫

※詳見8-9頁。

〈身體的檢視重點〉

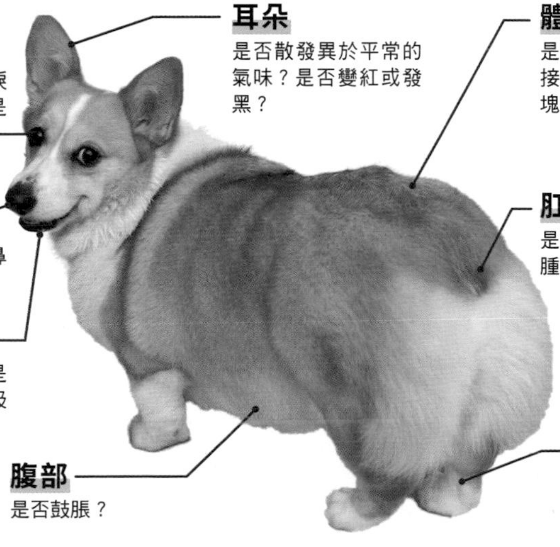

眼睛
是否有眼屎、過多淚水、混濁或充血？是否炯炯有神？

鼻子
是否有流著鼻水或鼻涕？有無發出異音？

嘴巴
是否有口臭？口水是否比平常還多？呼吸聲是否正常？

腹部
是否鼓脹？

耳朵
是否散發異於平常的氣味？是否變紅或發黑？

體表
是否有掉毛、濕疹、接觸性皮膚炎或是腫塊？體味是否強烈？

肛門
是否有出血、潰爛或腫塊等？

腳
行走或奔跑方式是否如常？

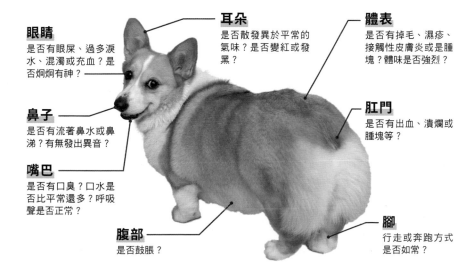

如何挑選動物醫院

為了愛犬的健康，找到值得信賴且可固定就診的獸醫至關重要。不妨從決定迎接幼犬那刻起便開始尋找動物醫院。最好聽聽實際有養貓狗的飼主的意見。另有「專治鳥類」、「專治小動物」之類的專科醫院，所以務必先確認主要診察對象。

因為評價好而選擇到較遠的動物醫院看病，這是一個飼主常犯的錯誤。有健康疑慮時，能否立即帶著愛犬去看病？如遇緊急情況，飼主能否獨自帶著愛犬就醫？最好把這些都考慮在內。

與獸醫相處的感覺和工作人員之間的氣氛、醫院是否衛生等同等重要。若能找到一位在治療與費用說明上淺顯易懂且明確，還能讓人願意託付愛犬的獸醫再好不過。

選擇動物醫院的注意事項

- 位於離家近且可輕鬆前往的距離
- 深獲飼主好評
- 候診室與診察室等皆保持清潔
- 工作人員之間的氣氛愉快
- 與獸醫相處的感覺融洽

在接回幼犬前就應該開始尋找動物醫院。接回幼犬後，最好先帶去做健檢。此外，獸醫與自己是否合得來也很重要。在動物醫療方面，獸醫與飼主取得良好溝通至關重要，比如能否簡明易懂地說明？是否願意好好傾聽？等等。「與獸醫相處的感覺是否融洽」是一大關鍵。

在動物醫院應確認的事項

- 能否因應夜間或營業時間外的緊急狀況？或是協助轉診至可因應的醫院？
- 需要高級醫療時，能否協助轉診至可因應的醫院？
- 寵物險是否適用？
- 是否會事先說明診察流程、治療方式與醫療費用等？
- 是否會先取得飼主的同意才進行治療？

最好事先
了解清楚♪

愛犬有時會在醫院營業時間外受傷或突發異常。最好事先確認，遇到這類情況時，醫院能否提供治療或協助轉診至與其有合作的急診醫院。要對愛犬進行什麼樣的治療，應由飼主做出最終的判斷。為此，「是否會事先說明診察流程、治療方式與醫療費用等」極其重要。

柯基犬的身體構造

骨骼篇

骨骼不僅肩負著塑造身體外形並保護內臟的重要作用，還發揮著支撐的作用，是避免柔軟身體組織坍塌的支柱。骨骼貫穿全身與肌肉相連而得以運動。人類與狗皆是如此。

脊椎（脊柱）穿過身體的中心，是由名為椎骨的骨頭連結而成。椎骨又分為頸椎、胸椎、腰椎、薦椎與尾椎，頸椎七塊、

我可是
活力充沛呢！

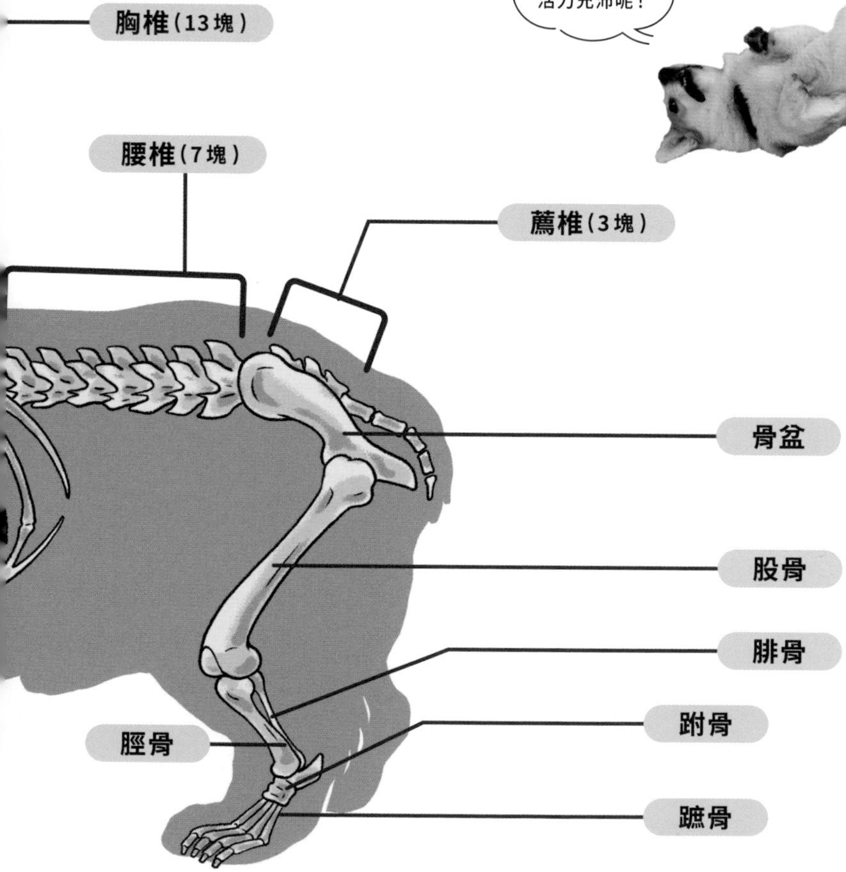
胸椎（13塊）
腰椎（7塊）
薦椎（3塊）
骨盆
股骨
腓骨
蹠骨
脛骨
跗骨

胸椎十三塊、腰椎七塊、薦椎三塊，任何犬種的這些骨頭數量皆一致，即使是身體較長的柯基犬也不例外。尾椎的數量則因尾巴長度而異。

肋骨從胸椎往左右兩邊延伸，包圍起內臟。任何犬種的肋骨數量皆與胸椎一樣為十三對。

狗狗與人類最大的差異在於鎖骨，其連結軀幹骨骼與前腳的鎖骨要麼已經退化，要麼存在但沒有作用。換句話說，犬隻體內並無連結軀幹與前腳的關節，因此無法如人類般做出將前腳往側邊展開的動作。相對的，這使牠們的腳易於前後移動而擅長快速奔跑。此外，短腿柯基犬的腿骨（橈骨與尺骨）比其他犬種還要短。

柯基犬的骨骼粗壯結實，這樣的構造令人感受到開朗且充滿活力的生命力與能量。

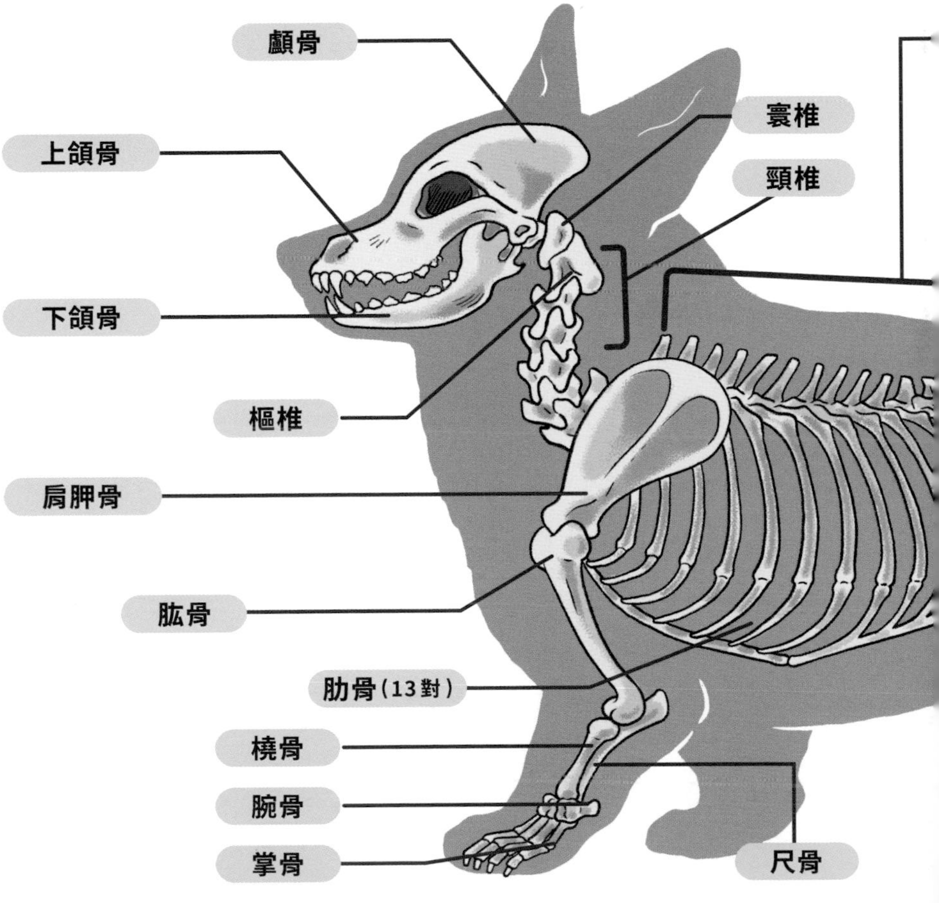
顱骨
上頜骨
下頜骨
樞椎
肩胛骨
肱骨
肋骨（13對）
橈骨
腕骨
掌骨
寰椎
頸椎
尺骨

柯基犬的身體構造

內臟篇

一般來說，內臟含括消化器官、呼吸器官、泌尿器官、生殖器官與內分泌器官。另外還有心臟與大腦，雖然不屬於內臟，卻也是位於體內的器官。

消化器官需負責消化從嘴巴攝入的食物、吸收養分並將剩餘物排出體外。包括由口腔、食道、胃、小腸與大腸相連而成的管狀消化道，以及分泌消化液的唾腺、肝臟與胰臟。

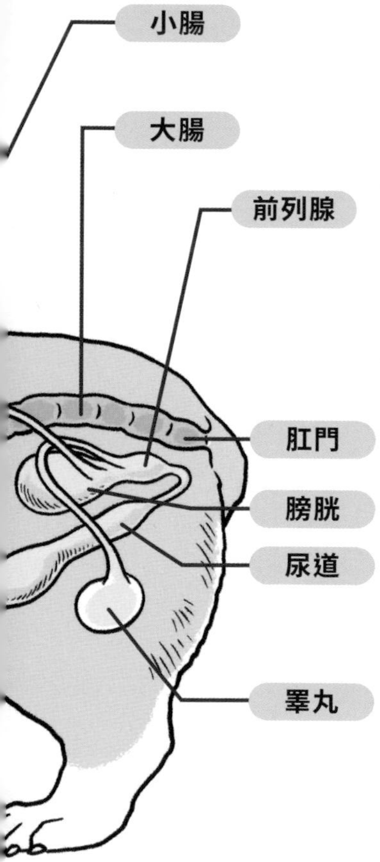

小腸
大腸
前列腺
肛門
膀胱
尿道
睪丸

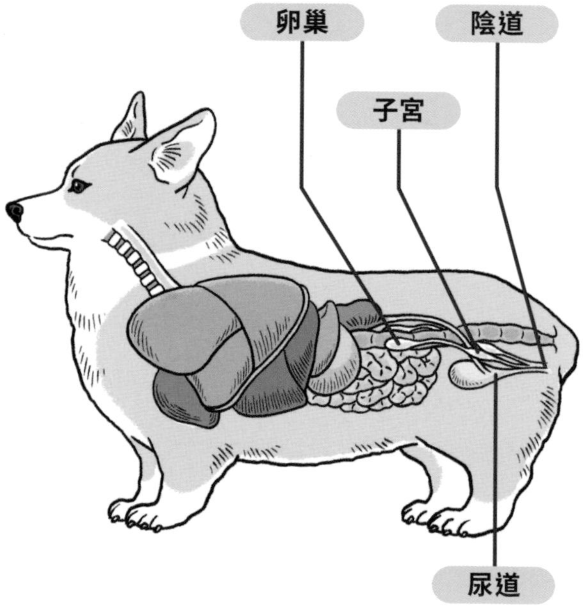

卵巢
陰道
子宮
尿道

《雌犬的內臟》

呼吸器官的作用則是將吸入的氧氣運至肺部，同時釋放在體內產生的二氧化碳。鼻腔、咽頭、氣管與肺臟皆屬於此。

泌尿器官是用以排出體內老廢物質的器官，且具備維持血液成分恆定的作用。腎臟、輸尿管與膀胱即屬此類。

雄犬的生殖器官包括睪丸、輸精管、前列腺與陰莖，雌犬則是指卵巢、輸卵管、子宮與陰道這些器官。

內分泌器官是由上部（腦內）的下視丘與腦下垂體，以及下部的甲狀腺、副甲狀腺與腎上腺等所構成。

大腦與脊髓被稱為中樞神經，與遍布身體各處的末梢神經一起傳遞並處理感覺訊息，或是調整身體的各種動作。

心臟則發揮如幫浦般的作用，將血液送至全身。與血管、淋巴管合稱為循環器官。

〈雄犬的內臟〉

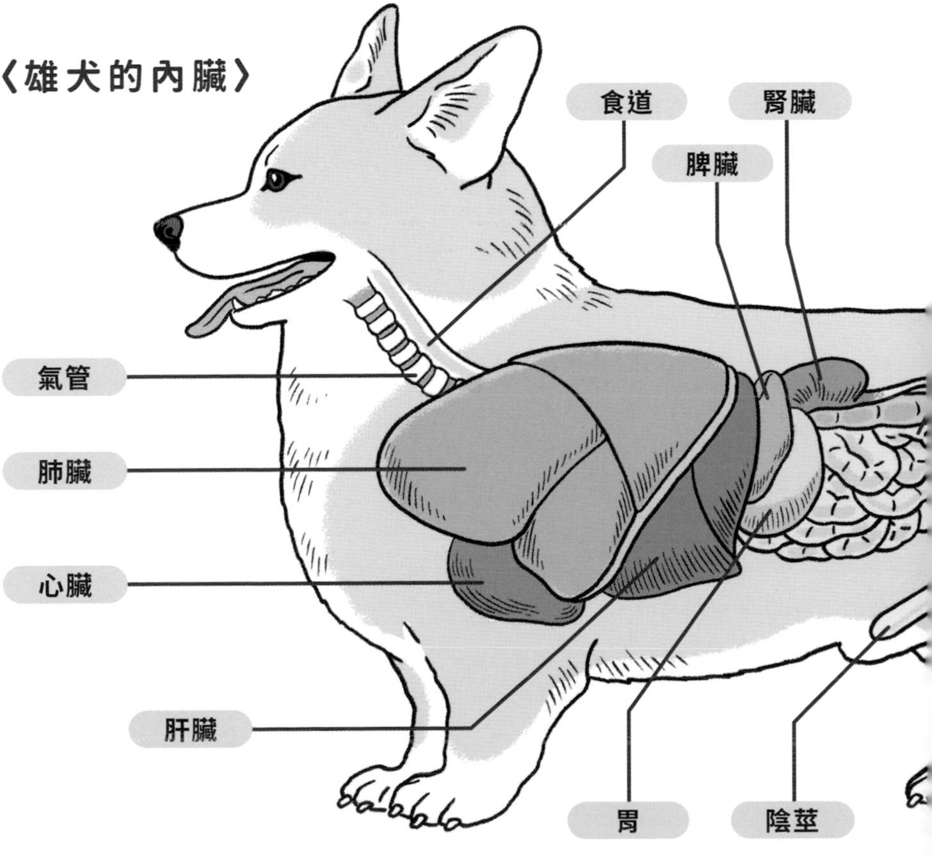

各年齡常見的疾病

柯基犬的一生大致可劃分為「嬰幼犬的幼年期」、「一至四歲的成犬期」、「五至七歲的中年期」與「八歲以上的老年期」。其中最容易生病的是「嬰幼犬的幼年期」與「老年期」。據說從出生到離乳為止的新生兒時期是其一生中會遇到最多危險的時期。

其後則會歷經各種身體上的變化與精神上的成長，體格與體毛則於兩歲左右發育完成。柯基犬是比較健壯的犬種，所以只要沒有先天性疾病且注重飲食生活與運動，大多都能度過充實的成犬期與中年期。

雖然超過七歲就邁入老年期，但有不少柯基犬直到十歲左右行動與外貌都仍朝氣蓬勃。然而，仔細觀察還是會發現牠們的運動量下降或動作變得遲緩，因此切莫自以為是地認為「我家狗狗到了老年期仍很硬朗」，重新檢視其生活並確認健康狀態是很重要的。

嬰幼犬的幼年期

\ 特徵 /

出生後10天左右

- 體重幾乎倍增
- 大約出生後2週內會睜開眼睛

出生後1個月

- 開始長乳牙
- 腿腳變得強壯並開始活潑地四處活動

出生後2個月

- 乳牙全部長齊
- 於出生後2個月左右施打第1次混合疫苗

出生後3個月

- 施打狂犬病疫苗與第2次混合疫苗

出生後4個月

- 乳牙開始脫落
- 胎毛漸漸脫落，開始換成成犬的體毛
- 施打第3次混合疫苗

出生後6～7個月

- 雌犬迎來第一次發情期
- 雄犬做標記或圈定勢力範圍的意識變強
- 乳牙全部脫落而恆牙長齊

出生後10個月

- 視情況改餵成犬專用狗糧

\ 嬰幼犬的幼年期務必留意的疾病 /

- 傳染病
- 皮膚炎
- 腸胃炎
- 誤食
- 外耳炎
- 嘔吐、腹瀉

如果持續嘔吐或腹瀉而無法進食，會陷入低血糖，甚至有性命之憂。

成犬的中年期

\ 特徵 /

1歲～

- 口鼻部等處的黑毛脫落

2歲～

- 體格大致形成。
- 承繼自父母的特徵開始顯現
- 毛色、骨骼與肌肉皆趨於穩定

柯基犬活潑又好動，因此務必格外留意避免足部或肉球受傷。

\ 成犬期 務必留意的疾病 /

- 外耳炎
- 皮膚炎
- 尿路結石
- 膿皮症
- 前十字韌帶斷裂
- 椎間盤突出症

老年期

老年期 務必留意的疾病

- 退化性脊髓神經病變
- 椎間盤突出症
- 白內障
- 外耳炎
- 關節炎
- 腎臟疾病

除此之外，心臟疾病與牙周病的發病率也與日俱增。早期發現異常愈顯重要。

特徵

7歲～

- 開始發現白鬚或白睫毛
- 體毛中開始夾雜白毛
- 運動量與代謝量逐漸下降
- 發生核硬化而眼睛開始變白（老花眼）

10歲～

- 面部、頭部與背部的白髮大增
- 視力逐漸下降（嗅覺不太受影響）
- 動作變得遲緩
- 睡眠時間逐漸增加

第1章

眼睛疾病

眼睛疾病若有引發外觀上的異常會比較容易發現，不過飼主往往難以察覺「視力退化」等狀況。倘若愛犬出現異於往常的行為，請向獸醫諮詢。

眼睛的構造

結膜
位於眼瞼後側、瞬膜表面與背面的薄膜。

麥氏腺
位於眼瞼後方，為分泌油脂的腺體。

虹膜
位於瞳孔四周的圓盤狀薄膜。

視網膜
通過角膜與水晶體的光線聚焦之處，是位於眼睛深處的薄膜。

眼瞼

角膜
位於眼球最外側的透明薄膜。

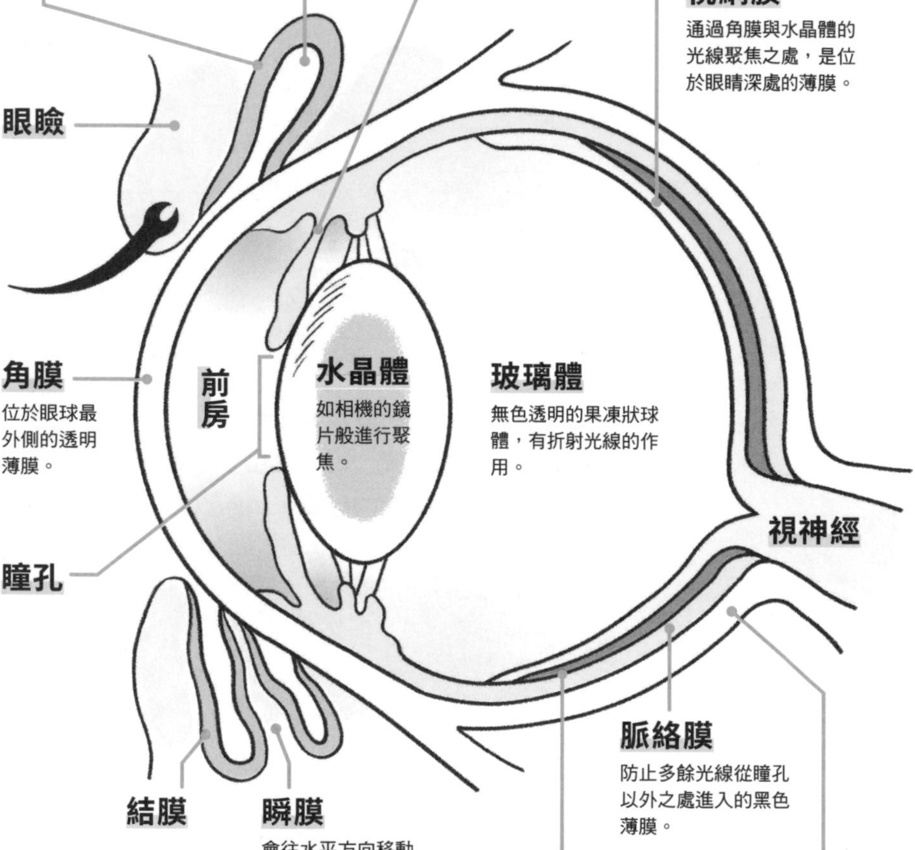
前房
水晶體
如相機的鏡片般進行聚焦。
玻璃體
無色透明的果凍狀球體，有折射光線的作用。
視神經

瞳孔

脈絡膜
防止多餘光線從瞳孔以外之處進入的黑色薄膜。

結膜

瞬膜
會往水平方向移動以保護眼球的透明薄膜。

脈絡膜層
反射光線的薄膜。因為有這層膜，眼睛在黑暗中會發亮。

鞏膜
位於眼球最外側的白色薄膜。與角膜相連。

眼睛的作用

- **透過眼睛獲取來自外部的訊息。**

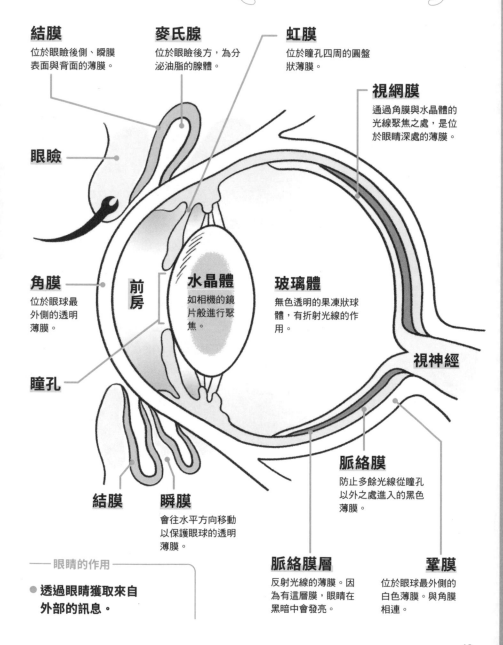

睫毛異常

症狀

・流淚
・對強光感到疼痛或不適
・充血

原因

睫毛通常是從特定毛根往特定方向生長，但**若毛根位置或生長方向有異**，則會引發睫毛異常。有三種類型，分別是睫毛從麥氏腺（位於睫毛稍深之處，會釋出油脂的分泌腺）延伸出來的睫毛重生、睫毛朝角膜方向彎曲生長的睫毛亂生，以及睫毛尖端從眼瞼內側突出生長的異位睫毛。

異位睫毛較難看出，太晚發現有時會引發角膜潰瘍。

治療

採取外科措施以去除刺激角膜表面的睫毛。大多只須用專用鑷子拔除幾根生長於異常之處的睫毛即可，不過如果兩側眼瞼全都出現異常，則有必要進行雷射或凝固治療。

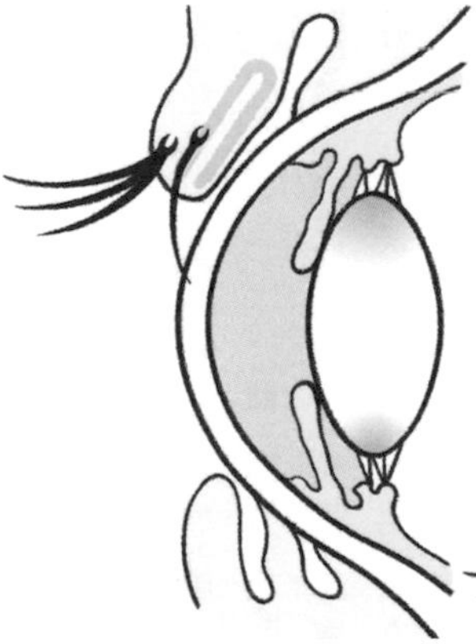

睫毛重生
睫毛從位於眼瞼的麥氏腺長出來。

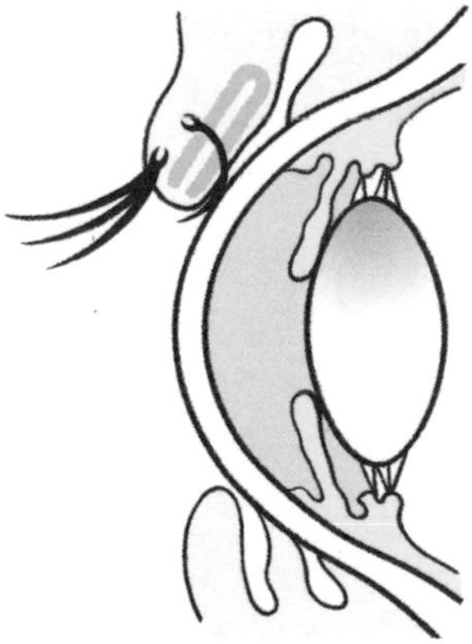

異位睫毛
睫毛從眼瞼後方往外突出。

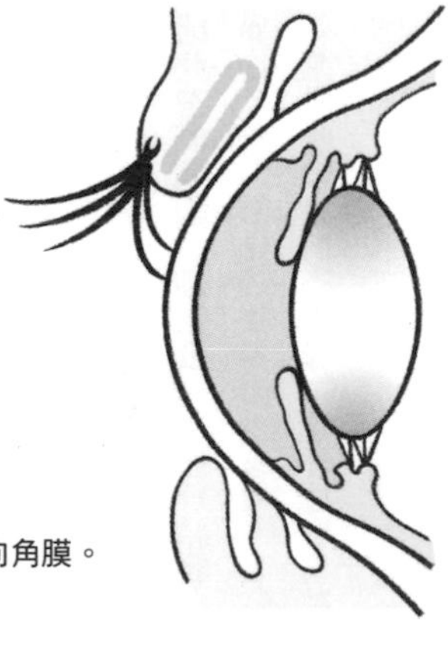

睫毛亂生
睫毛的尖端朝向角膜。

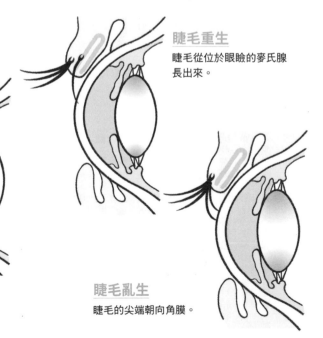

角膜炎

症狀

- **眼睛刺痛**
- **流淚**
- **出現眼屎**
- **眼白充血**
- **眼睛漸失光澤**
- **對強光感到不適**
- **視力受損**

原因

角膜是覆有淚液的透明薄膜，覆蓋著瞳孔與虹膜。**角膜炎即這層角膜出現發炎症狀的統稱**。可能是因為外傷、乾眼症或免疫問題等所致。外傷性往往是摩擦或碰撞眼睛等外部刺激傷及角膜所引起。此外，**當覆蓋角膜表面的淚液因乾眼症而不足，角膜會變脆弱而容易發炎**。

若經過一段時間後才診斷出乾眼症，或是疏於治療，因而誘發角膜表面出現黑色素，則可能演變成色素性角膜炎。

更有甚者，一旦角膜上皮受損，就會引發角膜潰瘍，輕則幾天便能痊癒，重則演變成治療數月也無法痊癒的難治型潰瘍。

治療

透過視診、眼壓測量、裂隙燈或螢光素等測試紙的角膜染色來進行診斷。

因應需求分多次點眼藥水為基礎治療，不過難治型潰瘍必須進行各種檢查以查明病因，有時為了根除病因或治療，還需要全身麻醉。

結膜炎

症狀

- **眼白充血**
- **眼睛睜不開**
- **出現眼屎・流淚**

原因

結膜是眼瞼內側覆蓋眼白表面的一層無色薄膜。當這層**結膜出現發炎症狀**，即稱為結膜炎。

異物、噴霧型等藥物、過敏、乾眼症、角膜炎、高眼壓症、寄生蟲、病毒感染等，皆會引起結膜發炎。

治療

繼發性的結膜炎多於非原發性，因此查明病因至關重要。木屑等結膜內異物，或是常見於牧場附近區域、名為結膜吸吮線蟲的寄生蟲，意外地容易被忽視。

葡萄膜炎

症狀

- 瞳孔縮小
- 眼白充血
- 流淚
- 似乎很刺眼般地眨眼
- 虹膜變色
- 起霧般變白

原因

葡萄膜是由虹膜、睫狀體與脈絡膜三個部位所組成。這些部位彼此相連，各部位的炎症則統稱為葡萄膜炎。發病原因與免疫性、白內障等所引起的代謝異常、感染、中毒、外傷或腫瘤有關。

治療

針對病因進行治療，不過很多時候無法立即查明病因，這種情況下則會**利用類固醇藥劑、非類固醇型眼藥水或口服藥物來進行消炎治療**。

白內障

症狀

- 眼睛變得白而混濁
- 視力退化

原因

這是水晶體因為營養、蛋白質代謝或滲透性等方面發生紊亂而陷入混濁狀態的一種疾病。

病因包括先天性、遺傳性（遺傳性視網膜萎縮等）、代謝性（糖尿病或低鈣血症等）、繼發性（由外傷所引起）、藥物性、放射線治療性等，**不一定只有高齡犬才會罹患此病**。有鑑於狗的壽命年限與暴露在紫外線中的時間，目前判定多半是遺傳性，老化性白內障幾乎不存在。

初期眼睛內會出現Y字形紋路且局部呈白濁狀，但是行為沒有太大變化。隨著病情的發展，白濁病症會擴散至整個眼球而視力受損，導致行動變得遲緩。當病情進一步惡化，水晶體內的核仁與皮質會開始溶解。此外，有時還會引發葡萄膜炎、水晶體位移、青光眼、視網膜剝離等，從而**導致失明**。

治療

透過超音波手術移除混濁的水晶體，並植入人工水晶體，力求恢復視力。在同時罹患致使視力受損的視網膜疾病等情況下，可能不適合動手術，因此手術前必須先接受視網膜檢查。

據說眼藥水或口服藥物的效果不甚理想。

青光眼

症狀

- 結膜充血
- 角膜混濁
- 瞳孔發綠
- 瞳孔擴大
- 因為疼痛而在意眼睛
- 眼球變大

原因

充滿眼球的水樣液通常產自位於虹膜後方的睫狀體，會穿過虹膜並通過眼角排出眼外。當這些水樣液的產生與排出之間失去平衡，**眼壓就會升高而壓迫到視網膜與視神經，從而導致失明**。又區分為遺傳所引起的原發性，以及因葡萄膜炎或水晶體位移等使水樣液的排泄管道阻塞而眼壓上升所引起的繼發性。

初期會因為眼壓驟升而顯露出眼睛睜不開且疼痛的模樣，但是大部分的飼主會以為可能是有東西跑進眼裡而靜觀其變，結果幾天後已經失明——這是最常見的案例。

以人類來說，一旦演變成慢性疾病，便會因持續的高眼壓而飽受頭痛之苦，如果從狗狗手術後會變得活潑開朗這點來看，牠們應該也是發生了同樣的狀況。

治療

慢性期間，眼球會變成約兩倍大（稱作牛眼），因此會產生更多疼痛與不適。**須進行引流管置入手術或眼球摘除手術等，治療的目的在於消除疼痛**。

若在急性期間仍保有視力，則應進行抑制水樣液產生的雷射睫狀體凝固手術，或促進排泄的前房引流管置入術等。

核硬化

症狀

- 眼睛變得白而混濁

原因

這是位於水晶體中心處的水晶核發生硬化的一種疾病，為年齡增長所致，即所謂的老花眼，大部分的狗狗過了五歲便會出現這種狀況。有時會使眼睛白濁到令人誤以為是白內障，不過與白內障有所不同，視力雖然下降，卻仍維持著視覺。當瞳孔放大時可看到一個美麗的圓環，即為核硬化。

治療

此為年齡增長所致，因此並無特定的治療方式。也有可能併發白內障，所以察覺異狀時最好檢查確認一番。

視網膜剝離

症狀

- **突然視力受損**
- **經常在睡覺且動作遲緩**
- **瞳孔放大**
- **瞳孔混濁呈褐色或紅黑色**

原因

視網膜色素上皮為視網膜的一部分，卻從原本的位置剝落，是一種會造成視力受損、進而失明的疾病。如果一眼患病，則另一眼發病的可能性極高。

有好幾種病因，比如先天性視網膜發育異常、病毒或細菌感染、腎臟疾病等所引發的高血壓、凝血功能異常引起的出血等全身性疾病、罹患葡萄膜炎或眼內組織收縮、原為果凍狀的玻璃體液化且侵入至視網膜下等而引發眼內病變等。

治療

如果患有會導致高血壓的疾病，應從平日就調整血壓，以防視網膜剝離。

不幸發生視網膜剝離的情況下，**若是局部剝離，應進行雷射治療以防止惡化**。只要單眼還看得到，就不太會出現行為異常，但如果是整個剝離，則能治療的設施有限，所以早期發現至關重要。若因眼內出血等導致眼睛混濁，可透過超音波檢查來診斷。

視網膜色素變性（PRA、SARDs）

症狀

- **夜盲**
- **動態視力退化**
- **視力退化引起行為異常**

原因

視網膜會將通過眼睛的光線轉為電流訊號並傳遞至視神經，由十層組成，會消耗大量氧氣，所以須持續獲得大量血液的供應。

視網膜色素變性是一種遺傳性疾病，會導致這層視網膜的血液供給逐漸受阻，造成視網膜功能衰退而喪失視覺，病因不明。有可能是罹患會導致突然失明的突發後天性視網膜色素變性候群（SARDs），或是開始出現夜盲、對移動事物的視力衰退而最終連白天視力也惡化而失明的漸進性視網膜萎縮症（PRA）等。不會出現初期症狀，所以難以察覺，不過有時會因為狗狗在第一次去的地方出現行為變化而發現。PRA是老化白內障最常見的病因。

治療

無。散步途中與家中的家具配置等防止狗狗因視力受損而發生意外的預防措施至關重要。

乾性角結膜炎（乾眼症）

症狀

- **睡醒後眼睛睜不開**
- **眼屎增加**
- **淚痕增加**
- **眼睛乾澀**　・**瞇眼**
- **無法正常眨眼**

原因

淚液會為角膜供應氧氣與營養，還可守護眼睛免於細菌感染或異物侵擾。在正常的狀態下，每次眨眼淚液都會滋潤眼睛，再流入鼻子深處。即便角膜上皮有輕微損傷，只要淚液正常發揮，都能再生，但若淚液量減少或質量變差，**淚液便無法在眼球表面形成濕潤的薄膜，導致角膜上皮出現各種疾病**。此即乾眼症。

淚液的脂肪成分黏液素有助於淚水的積蓄與擴散，一旦黏液素的分泌減少，淚液便無法保留於角膜表面而溢於眼周，出現毛髮變色的情況。同時還因淚液無法在眼球表面擴散，導致角膜或結膜變得乾燥而脆弱。

病因包括了先天性、藥物性、病毒性、神經性、第三眼瞼切除、內分泌性、免疫性等，免疫性在柯基犬身上尤為常見。

治療

點眼藥水進行內科治療。在無法正常眨眼的情況下，不能指望透過治療來改善，因此必須充分熱敷眼瞼，利用讓上下眼瞼邊緣接觸的眨眼動作來促進淚液的分泌。眼睛的保護膜受損後很容易遭細菌感染，不僅傷口難以痊癒，還有引發色素性角膜炎或角結膜炎等的風險。

如果出現令人擔憂的症狀，應盡快送往動物醫院就診。

流淚症

症狀

- **形成淚痕**
- **皮膚炎**　・**氣味變重**

原因

這是在淚液流出過程中出現問題而導致淚水四溢的一種疾病。病因繁多而難以查明，包括淚管阻塞、眼瞼或鼻褶毛直接刺激眼睛、眼瞼內翻或外翻等眼瞼形態異常、麥氏腺分泌液不足等。

除了引發皮膚炎且氣味變重外，還有外貌上的問題。此外，有時會因為眼球表面缺乏淚液而導致角膜受損，必須格外留意。

治療

查明流淚症的原因，**使用眼藥水或口服藥物，有些情況下則須動手術**。

第2章

呼吸器官疾病

呼吸器官疾病會大大地降低愛犬的生活品質（QOL）。及早發現並及早治療至關重要。肥胖會對呼吸器官造成負擔，最好確實採取預防措施。

鼻子的構造

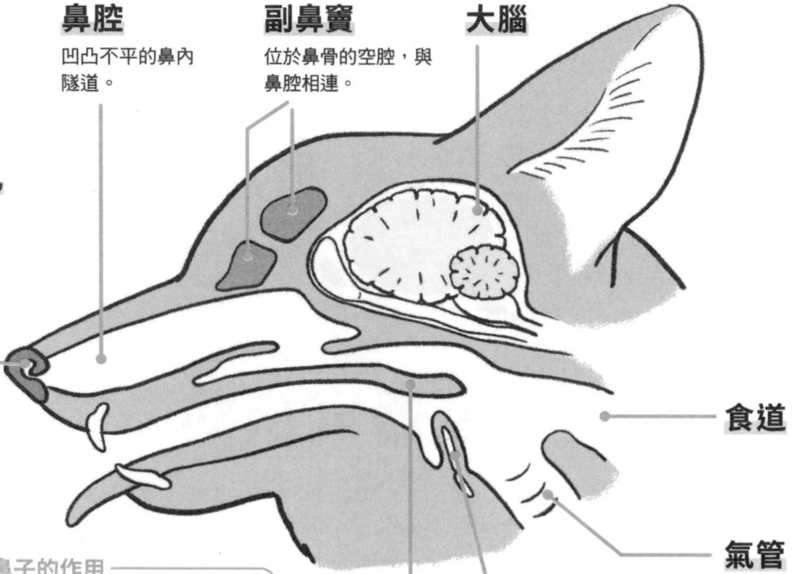
鼻腔
凹凸不平的鼻內隧道。
副鼻竇
位於鼻骨的空腔，與鼻腔相連。
大腦
鼻孔
食道
氣管
軟顎
從口腔頂部往後延伸的柔軟氣管，防止食物進入鼻腔。
會厭
位於氣管入口處的蓋子，防止食物進入。

鼻子的作用

- **感知各種氣味並傳遞至腦部。**
- **攝入空氣。**

氣管的構造

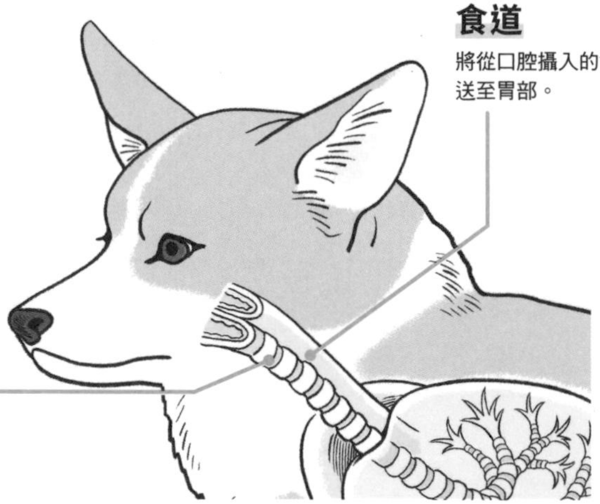
食道
將從口腔攝入的食物送至胃部。
氣管
從口鼻通往肺部的空氣通道。被U字形的軟骨所覆蓋。

氣管的作用

- **將從口鼻攝入的空氣送至肺部。**

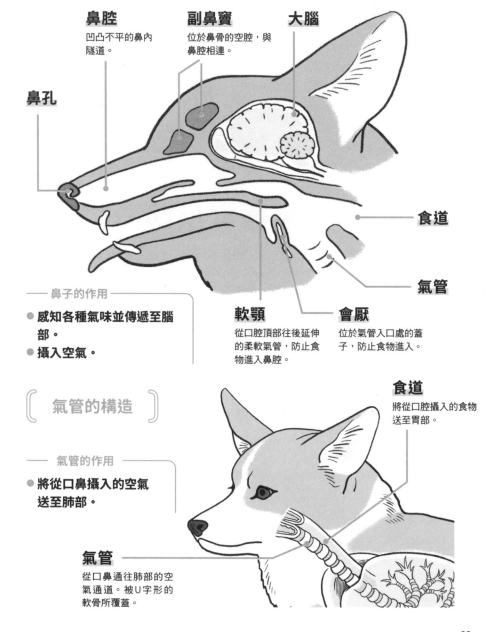

鼻炎

症狀

・打噴嚏　・流鼻水
・鼻塞　・用嘴巴呼吸

原因

這是一種鼻腔內的炎症，病因包括病毒、細菌、真菌、吸入異物、口腔疾病、過敏性疾病、腫瘤、顎裂等。一旦惡化且併發細菌感染，就會開始流出如膿般的鼻涕或帶血的鼻涕。此外，鼻涕變多後，還會阻塞鼻腔而開始張嘴呼吸。

定期施打疫苗以預防病毒感染。高齡柯基犬的鼻炎多為牙周病或鼻腔內腫瘤所引起，所以必須及早就診。

治療

先採集鼻涕進行細胞學檢查與細菌培養敏感性試驗。每天進行一至兩次輔助性蒸汽吸入治療以消除鼻塞。冬季或因空調使溼度下降都會導致症狀惡化，**使用加溼器等讓溼度維持在40～50%也頗為有效**。尤其是夜間，鼻塞會難以入睡，因此須提高溼度與室溫。

當細菌培養敏感性試驗的結果認定是細菌感染時，則投以抗生素。另外還須針對致病的疾病進行治療。以過敏性鼻炎為例，可投以類固醇藥劑，或找出並去除致病的過敏原等。

軟顎下垂

症狀

- **發出喘息般的呼吸聲**
- **鼾聲大作**
- **運動後或興奮時呼吸變得非常急促**
- **呼吸困難**

原因

口腔內上方深處有塊柔軟的部位稱為軟顎，**相當於鼻子與喉嚨之間的開口部位。這種疾病即該軟顎變得比一般還長而往下垂**，從而妨礙呼吸。好發於短頭犬，不過也會出現在柯基犬身上。

大多是**先天性或因肥胖而發病**，因此飼主必須及早察覺。

治療

為了徹底根治，必須透過手術切除下垂的軟顎。此外，肥胖會增加軟顎下垂的風險，所以預防很重要。

氣管塌陷

症狀

- 咳嗽不止
- 發出嘎嘎等異常呼吸聲
- 容易疲倦　・呼吸困難　・昏厥

原因

氣管是從咽喉部連結至氣管分岔部的空氣通道，呈由C形軟骨覆蓋軟管狀氣管的構造。**氣管塌陷即該軟骨因為某種原因而軟化，導致氣管塌陷而呼吸困難的一種疾病**。

常見於小型犬，據說遺傳為主要原因。此外，肥胖、過度吠叫、頸部承受額外壓力等情況也有可能是致病原因。

治療

拍攝吸氣與呼氣的X光片，比較氣管的粗度來診斷。

假如出現咳嗽症狀，**可用止咳藥或氣管擴張劑來治療**。如果是重症，有時必須進行外科手術來維持氣管的形狀。

支氣管擴張症

症狀

- 持續高聲深咳
- 呼吸急促
- 一運動就上氣不接下氣
- 咳出黏液膿性痰

原因

支氣管為氣管的下端部位，是比氣管還細的組織。與肺部的肺泡相連。原本具有彈性（移除施加的力道後就會恢復原狀的特性），卻因某些原因而失去彈性，**支氣管可能因而擴張。此即支氣管擴張症**。

有先天性與後天性之分，病因多為慢性支氣管炎或支氣管肺炎。此外，也常見於高齡犬。

治療

支氣管一旦擴張，該部位就無法恢復原狀。因此，**會採取緩解症狀或減緩病程的對症療法**。讓狗狗逐步服用抗生素或祛痰藥、消炎藥等。此外，有些情況下還會使用噴霧治療器（將藥物霧化並吸入的治療方式）。如果是其他疾病所引起，也一併治療該疾病。

咽喉麻痺

症狀

- 容易疲倦　・呼吸困難
- 發紺
- 發出喘鳴聲
- 體熱　・昏厥

原因

咽喉為呼吸器官的一部分，由多條肌肉與軟骨組織所組成，且由杓狀軟骨與聲帶皺襞形成聲門。聲門本來的作用是於呼吸時促進空氣流動、參與發聲，並於吞嚥時閉合以防止誤嚥。

咽喉麻痺即這塊杓狀軟骨或聲帶皺襞無法打開，麻痺持續而呼吸道閉合，**導致聲帶與其他咽喉動作無法如常運作的一種疾病**。病因包括不明原因、因為多發性肌炎或重症肌無力症等肌肉異常所引起、因為神經傳導障礙或病變等神經異常所引起，以及由腫瘤或外傷所引起等。興奮時呼吸道可能會閉合，導致呼吸時發出喘鳴聲，甚至出現發紺而失去意識。

咽喉麻痺有**先天性與後天性**之分，先天性的特徵在於從幼齡時期還未滿一歲就會發病，為伴隨著四肢步態障礙或擴張症的進行性疾病，容易惡化。

後天性有可能是因為前胸部或頸部（喉返神經的路徑）受到外傷或外科手術後而發病。還有可能是**甲狀腺機能低下症出現的症狀之一，好發於高齡犬**。後天性有時並無特定病因，而是病程緩慢的全身性神經肌肉疾病所出現的症狀之一。

治療

診斷方式包括X光檢查或超音波檢查、最終X光檢查、超音波檢查與血液檢查，並在全身麻醉下進行喉鏡檢查。如果症狀輕微，則**維持靜養並進行氧氣療法**。針對咽喉腫脹或發炎一般會投以類固醇藥劑。倘若患有甲狀腺機能低下症，則補充甲狀腺激素。

如果這些治療不見成效或病情嚴重，為了緩解阻塞，必須透過手術擴大聲門，比如局部切除咽喉、單側杓狀軟骨綁縛手術等。

然而，動完這些手術後，有30至40%的機率會引發誤嚥性肺炎，還會出現持續性咳嗽或呼吸聲異常等併發症。因此，雖然外觀不好看，但據說**進行永久氣管切開手術會較為安全**。

肺部的構造

肺部的作用

- 經由氣管與支氣管攝入從口鼻進入的空氣。
- 支氣管末端有無數「肺泡」，透過肺泡攝入氧氣，並排出不需要的二氧化碳（氣體交換）。
- 將氧氣與二氧化碳送至環繞肺泡四周的動脈與靜脈的微血管。

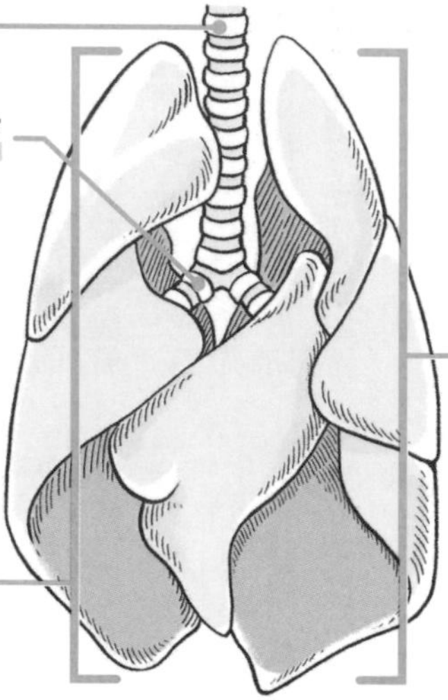

肺炎

症狀

・呼吸急促　・發燒　・呼吸聲異常

・元氣盡失　・食慾不振　・濕咳

原因

因為細菌、病毒、真菌、唾液或胃液、食物或水等的誤嚥，導致**肺部的肺泡或間質發炎**。細菌性肺炎也有可能是病毒性肺炎的繼發性疾病。此外，免疫力低下的狗狗也有可能直接感染。

然而，據說**最常見的發病原因與反覆性誤嚥有關**。罹患巨食道症或慢性咽喉麻痺等疾病的狗狗會處於較容易誤嚥唾液或胃液的狀態，尤其是誤嚥含有胃酸的胃液，會大幅降低肺部的擴張能力，導致容易引起細菌感染。

狗狗若經常嗆到，應查明致病的疾病並治療。至於病毒感染，定期施打疫苗為有效的預防措施。

治療

考慮到有可能引起繼發性細菌感染，應投以抗生素與消炎藥。脫水會導致呼吸道黏液的黏稠度增加而影響呼吸，因此應透過點滴等來預防。嚴重呼吸困難時則再加上氧氣吸入治療。

肺水腫

症狀

・濕咳　・張嘴呼吸
・呼吸困難　・討厭橫躺
・流出粉紅色鼻涕

原因

指液體從肺部微血管滲出並積存於肺部的肺泡或支氣管的狀態。會因無法在肺部進行充分的氣體交換而引發低血氧症。

致病原因可區分為心源性與非心源性兩種，狗狗大部分為心源性。**心源性與心臟疾病有關**，非心源性則大多是因為觸電或吸入除霉劑等而造成肺部發炎。

治療

進行氧氣吸入治療的同時，還須治療致病的疾病。主要是去除積存於肺部的水分與改善低血氧症等。服用利尿劑能有效去除積存於肺部的水分。若是心源性肺水腫，還會使用強心劑。

支氣管炎

症狀

・乾咳　・輕微發燒　・流出水溶性鼻涕
・元氣盡失　・呼吸困難

原因

發生在支氣管的炎症，因病毒或細菌而感染的症候群則稱為犬舍咳（犬傳染性喉頭氣管炎）。

除此之外，也會因為粉塵、刺激性氣體與花粉等過敏原的刺激而發病。一旦引起繼發性細菌感染，咳嗽會轉為濕咳，還可能出現元氣盡失、呼吸急促、呼吸困難與發紺等情況。

好發於幼犬與高齡犬，因此應從平日就兼顧營養與衛生環境以提升免疫力。

治療

如果是輕症，有時維持適度溫度與溼度並靜養幾天就會痊癒，如有必要，則提供營養、服用抗生素、消炎藥或止咳劑等。有時還會每天進行吸入療法。

有些情況下須耗費數月才能根治，**一旦演變成慢性病，將會終生咳嗽不止**，所以耐心治療以免轉為慢性病是很重要的。

氣胸

症狀

・呼吸急促　・呼吸困難
・發紺　・無法入睡

原因

空氣侵入胸腔而引發肺部塌陷與呼吸困難。胸腔分為左右兩側，所以大多是發生於單側。可區分成胸部承受強大壓迫或肋骨骨折導致胸壁或肺部受傷所引發的外傷性氣胸、檢查措施或治療技術造成併發症所引發的醫源性氣胸，以及在日常生活中所引發的自發性氣胸，**狗狗大多是因為交通事故、跌落意外或咬傷所造成的外傷性氣胸**。又以大量空氣入侵胸腔使胸腔內壓力漸增而呈鼓脹狀態的張力性氣胸最為嚴重，甚至有些案例只是稍微興奮就休克而亡。

治療

如果入侵的空氣量不多，便只須靜養，待其自然恢復。在病情嚴重的情況下，則須設置注射器或胸腔軟管來排出空氣。倘若肺部或氣管受到重創而大量空氣入侵胸腔，則須透過開胸手術來修復受損部位。

肺腫瘍

症狀

・慢性咳嗽　・呼吸困難
・有氣無力　・體重下降
・呼吸急促　・跛行　・發燒
・咯血　・食慾不振

原因

初期並無顯著症狀，發現時往往已經惡化。**原發性肺腫瘤有良性與惡性之分，轉移性則全為惡性**。大多時候是轉移性。乳腺腫瘤、骨肉瘤、惡性黑色素瘤等是較常轉移至肺部的腫瘤。與吸菸者同住也是致病原因之一。

治療

透過X光檢查懷疑有肺腫瘤時，應進行血液檢查、血液生化檢查、超音波檢查，情況允許的話，再加上腫瘤穿刺組織切片檢查與CT檢查，確認是否有轉移、有無原發性腫瘤，掌握全身狀態以判別良性或惡性。

良性肺腫瘤往往只會有一到三個大腫瘤。原發性惡性腫瘤與轉移性肺腫瘤則會狀似肺炎或砲彈，出現大量腫塊。良性的肺腫瘤可以透過外科手術加以切除，惡性腫瘤則無論是原發性還是轉移性都無法採用外科手術。據說在X光片上可看到疑似肺腫瘤的陰影時，腫瘤已經占據肺部70％以上的面積。若要指望外科手術，務必接受CT造影檢查以收集準確的資訊。

第3章

牙齒與口腔疾病

本章節彙整了牙齒與口腔內部的相關疾病。如果因為愛犬不喜歡就疏於刷牙，會很容易罹患牙齒疾病，愛犬將來會大吃苦頭。最好確實做好照護工作。

牙齒的構造

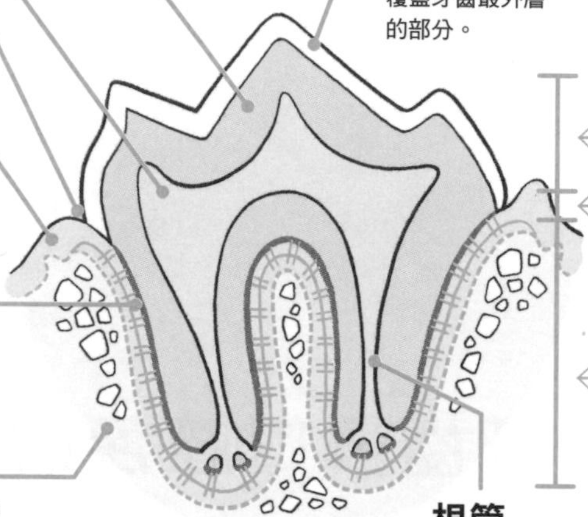
牙髓
指牙齒的神經。
象牙質
位於琺瑯質內側。根部完全由象牙質所構成。
琺瑯質
覆蓋牙齒最外層的部分。
牙齦溝
牙齒與牙齦之間的溝槽。
牙齦
一般稱作牙床的部分。
牙骨質
牙齒根部，連結牙齒表面與齒槽骨。
齒槽骨
牙根嵌入的頜骨孔。
牙冠
牙頸
牙根
根管
神經通過的管道。

狗狗牙齒的種類

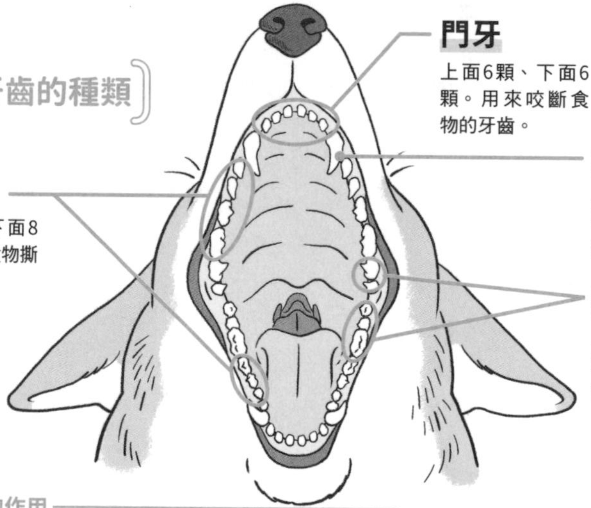
門牙
上面6顆、下面6顆。用來咬斷食物的牙齒。
犬齒
上面2顆、下面2顆。用來咬住以捕獲獵物的牙齒。
前臼齒
上面8顆、下面8顆。用來將食物撕細的牙齒。
後臼齒
上面4顆、下面6顆。用來將食物磨碎的牙齒。

牙齒的作用

- **在野生時期有捕捉獵物並咬斷咽喉的作用。**
- **將獵物撕碎成可食的大小。**
- **將獵物磨碎以便吞嚥。**

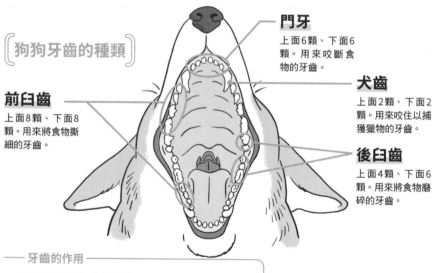

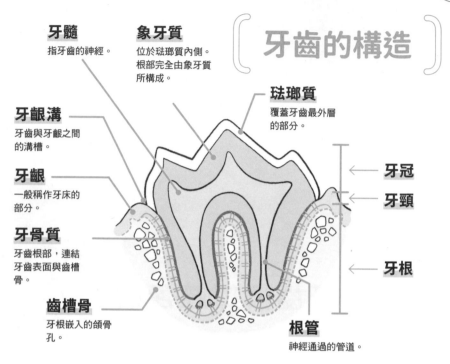

牙周病

症狀

・牙齦紅腫
・有嚴重的口臭　・牙齒搖晃
・從牙根處出血或流膿
・眼睛下方的皮膚腫脹且積蓄膿液
・打噴嚏
・長出牙齦瘤
・牙齒脫落

原因

「牙齦炎」是牙垢中與牙周病相關的細菌引起牙齦發炎，「牙周炎」則是周邊組織發炎，統稱為牙周病。若在牙齦炎階段便治療，是可以恢復的，但若發炎蔓延至齒槽骨、牙骨質、牙周膜而引發牙周炎，就很難恢復正常。

若置之不理，牙根周圍會發炎，有時還會導致口腔黏膜、臉頰與鼻腔等組織穿孔，流出膿液或血液。

更有甚者，細菌或毒素也有可能從牙周組織進入血液之中，**引發細菌性心內膜炎等全身性的疾病**。

治療

全身麻醉，清除堆積的牙垢與牙結石。若有發炎則使用消炎藥。如果牙周組織遭到嚴重破壞則須拔除牙齒。應做好牙齒護理來預防。

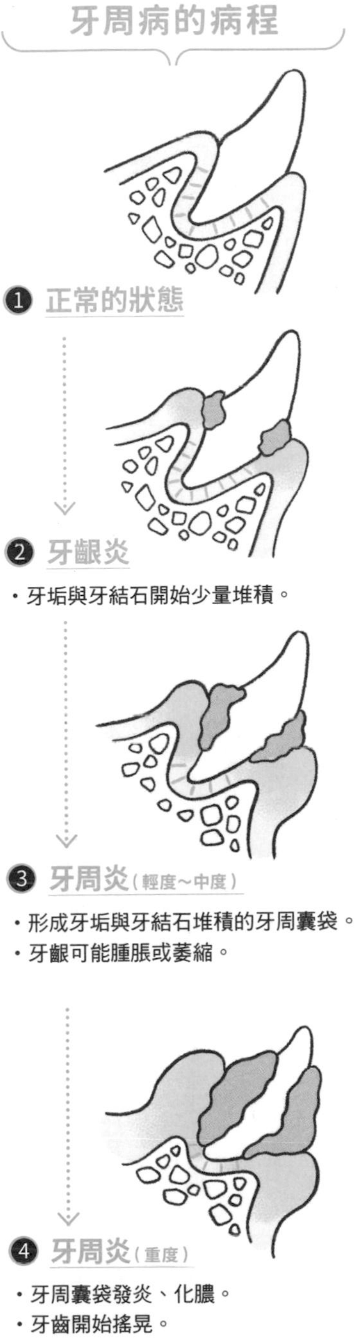

牙周病的病程
1 正常的狀態
2 牙齦炎
・牙垢與牙結石開始少量堆積。
3 牙周炎（輕度～中度）
・形成牙垢與牙結石堆積的牙周囊袋。
・牙齦可能腫脹或萎縮。
4 牙周炎（重度）
・牙周囊袋發炎、化膿。
・牙齒開始搖晃。

口腔內腫瘤

症狀

- 牙齦上形成腫塊
- 牙垢堆積
- 牙周病
- 口水增加
- 一吃東西就出血
- 口臭加劇
- 下顎淋巴結腫脹
- 吞嚥困難

原因

這是一種長在口腔內的腫瘤，所以除了口腔出血、口臭等外，還會導致嘴巴變得難以開闔，或是下顎淋巴結腫脹。隨後會漸漸無法進食，對飲食造成阻礙。

在口腔內形成的腫塊有可能是**牙齦瘤、惡性黑色素瘤（Melanoma）、鱗狀上皮細胞癌、纖維肉瘤、淋巴瘤、齒源性囊腫**等。

牙齦瘤有三種類型，分別為牙周炎或牙結石的刺激所引起的發炎性、病毒或細菌感染等所造成的內分泌異常性，以及良性腫瘤所引起的腫瘤性。

惡性黑色素瘤（Melanoma）的惡性程度極高，大多發生在口腔深處，所以很難在初期發現，也不可能徹底摘除。即便能早期發現，也往往已經轉移。有時會因為異常的口臭而察覺（關於惡性黑色素瘤與鱗狀上皮細胞癌，詳見161頁）。

發生在不同部位的其他腫瘤也大多無法徹底摘除。

治療

牙齦瘤可以透過外科手術摘除腫瘤。然而，有時以為是牙齦瘤，實際上卻是惡性黑色素瘤等惡性腫瘤，若在牙齦瘤中拔牙，也有可能進一步惡化。

情況允許的話，**在手術前先少量採樣來進行病理診斷會比較安全**。

此外，手術後最好能定期檢查是否復發。

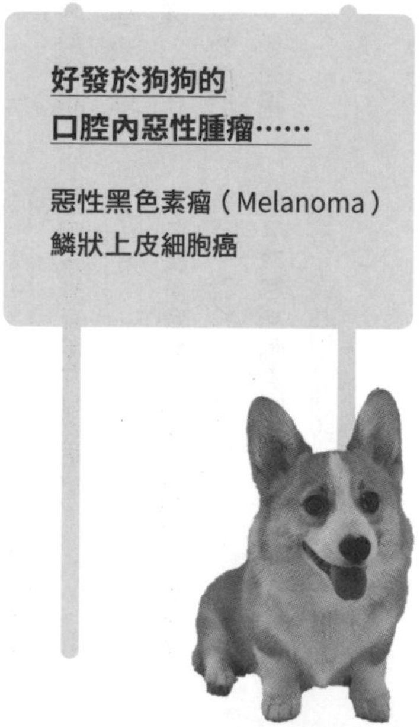

斷齒・咬耗

症狀

・牙神經外露　・牙神經遭細菌等感染

原因

斷齒是指咬硬物導致牙齒前端斷裂的狀態。狗狗用臼齒咀嚼骨頭或牛蹄等硬物時，牙齒經常會斷裂而呈剝落狀，有時也會因為交通事故或跌落意外而斷裂。位於下頜骨內而看不到的牙根也有可能斷裂。

咬耗則是指牙齒的磨損，可區分成隨著年齡增長而磨損的生理性咬耗，以及因啃咬骨頭、玩具或過度刷牙等而磨損的咬耗。

治療

假如未觸及神經，可利用牙冠修補材料加以修復或進行追蹤檢查。若觸及神經但神經尚未壞死，可利用牙髓保護劑與牙冠修補材料來治療，或是拔牙。倘若神經已經壞死，則抽除神經並以根管填充材料與牙冠修補材料加以填充或拔牙。牙根斷裂的情況下，則先追蹤觀察或拔牙。

避免讓狗狗啃咬牛蹄或骨頭等硬物並確實刷牙為預防之策。上頜第四前臼齒斷裂常見於柯基犬，因此須格外留意。

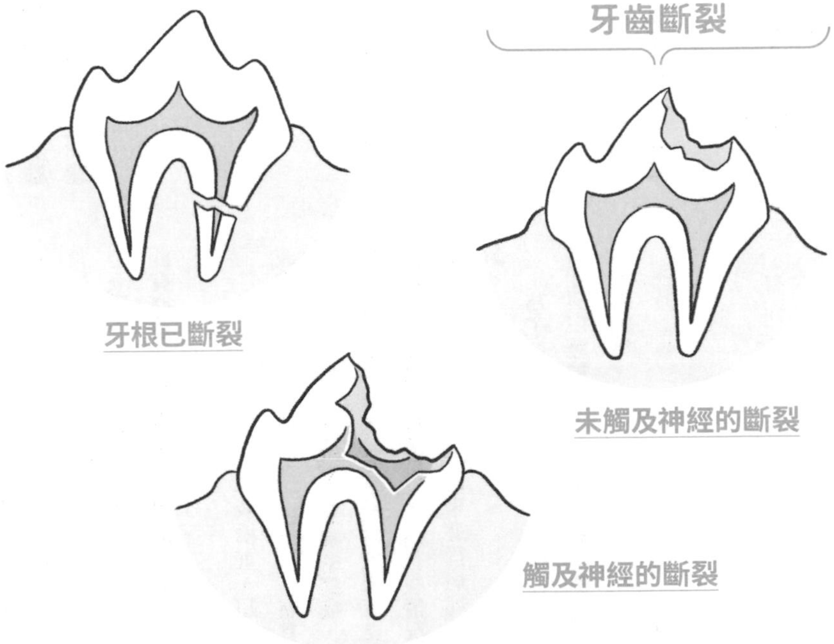
牙齒斷裂
牙根已斷裂
未觸及神經的斷裂
觸及神經的斷裂

乳牙未脫

症狀

- 乳牙並未脫落　・齒列不整
- 牙齒會碰撞牙齦或黏膜
- 容易引發早期牙結石沉積或牙周病

原因

狗狗的牙齒通常會分階段從乳牙換成恆牙，分別於出生四個月後換掉門牙，五個月左右換掉臼齒，六個月之前則換掉犬齒。

然而，如果到了這些時期**乳牙仍未脫落而保留下來，即稱為乳牙未脫**。

若置之不理，恆牙會因為乳牙的阻礙而無法長在正確的位置，將會處於齒列不整或容易積聚汙垢的狀態，從而**容易引發牙周病等問題**。

治療

已經長出恆牙但乳牙仍在的情況下，**必須拔牙**。如果恆牙的位置已經移位，還須進行矯正手術。為了避免恆牙移位，**在四至六個月的換牙時期帶到動物醫院檢查牙齒狀態**以求早期發現問題是一大關鍵。

口腔炎・舌炎

症狀

- 臉頰的黏膜、牙齦與舌頭紅腫、潰爛或出血
- 很在意嘴巴　・有嚴重的口臭
- 大量流口水　・流膿
- 舌頭的表面潰爛變白，或形成縱溝
- 無法順利進食

原因

發生於口腔內黏膜等處的炎症之總稱。病因繁多，比如因牙垢或牙結石所造成的刺激、因硬質玩具入口後所造成的傷害、因樹枝、免洗筷或布條等卡在牙齒裡取不下來、交通事故或跌落意外等外部刺激、傳染病或疾病所造成的代謝異常、免疫性問題等等。柯基犬較常罹患名為「舌肌萎縮症」的肌炎，這是一種會導致舌頭肌肉萎縮的疾病，因此**有必要加以鑑定，與舌炎做出區別**。

治療

進行血液檢查、尿液檢查、超音波檢查、病理學檢查等，確認是否有其他相關的疾病。**若能查明致病的疾病，應進行對症治療。口腔炎則可利用消炎藥或抗生素等加以治療**，不過有些情況下則需要透過切片手術來進行病理診斷。

為了預防或早期發現，做好牙齒護理與口腔檢查，並提供營養均衡的飲食也很有效。

顳頷關節疾病

症狀

- **下頷喀喀作響**
- **大口咀嚼舌頭**
- **無法順利張嘴**
- **進食困難**
- **表露出口腔疼痛的表情**

原因

狗狗的頷部形狀複雜，有肌肉、關節與神經匯集並支撐著下頷，在進食或咆哮等需要開闔嘴巴時，這些會分工合作以發揮功能。

顳頷關節疾病是一種會造成各種障礙的疾病，比如**導致連結這塊頷骨與頭骨的關節發炎**、引發疼痛而張嘴困難，或是每次動嘴都會發出聲音等。

顳頷關節疾病所造成的疼痛又分為**顳頷關節疼痛與咀嚼肌疼痛**，有可能引發其中一種或兩種疼痛齊發。原因五花八門，比如啃咬骨頭、牛蹄或塑膠等硬物、因交通事故或跌落意外等導致頷骨骨折或脫臼而引起發炎且骨頭變形、因壓力或異物感而磨牙、因牙周病或耳朵疾病所致等。

治療

首先是透過問診來查明大約何時出現什麼樣的症狀，**確認致病的傷口或疾病等**。

在此基礎上檢查頷部的動作、頷部或咀嚼肌的疼痛，並透過頭部X光檢查與CT檢查，**確認顳頷關節及其周邊肌肉有無異常**。

只要查明原因，便可逐步對症治療以改善病況。顳頷關節疾病若只是輕症，有可能透過手術治癒，但如果時間拖久了，一旦顳頷關節嚴重變形，或陷入完全無法張嘴的狀態，將會很難徹底康復，因此察覺症狀後應盡快送往動物醫院就診。

在狗狗無法用嘴巴進食或補充水分的情況下，必須插入灌食管至胃部，以胃造廔的形式補充必要的營養與水分。

避免給狗狗骨頭或牛蹄等硬質點心或玩具、確實做好牙齒護理以預防容易致病的牙周病，並增加紓解壓力的機會以防止磨牙等，都能有效預防顳頷關節疾病。

狗牙齒本來的正常狀態是上頜牙齒會稍微疊合於下頜牙齒上而得以咬合，與此不同的咬合方式即稱為咬合不正。

咬合不正可區分為頜骨長度與寬度不平衡所產生的骨骼性咬合不正，以及因牙齒位置異常所產生的齒列性咬合不正。

常見於狗狗的咬合不正一般有兩類，即下頜犬齒比正常位置還往內側突出，以及一顆前牙或數顆牙齒比咬合的牙齒還往內側或外側突出。

即便有咬合不正，只要狗狗不在意就不成問題，不過會因狀態而異，有時會變得難以進食、牙齒前端碰撞上頜或其他牙齒而造成傷口，或**伴隨著疼痛與不適感**等，所以一有所

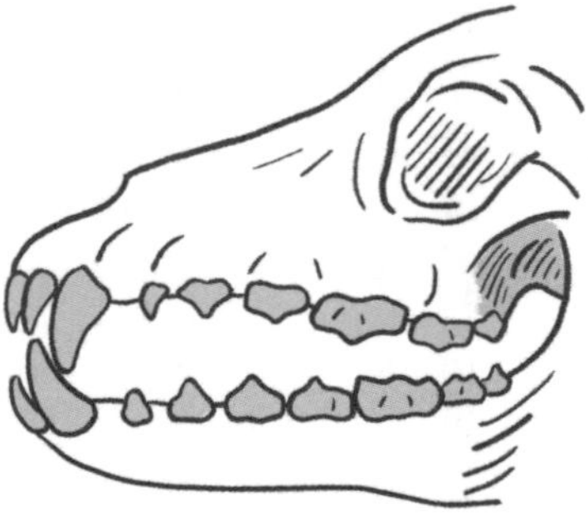

正常的咬合

下方前牙的表面輕輕接觸上方前牙的背面，這樣的咬合稱作剪狀咬合（Scissor bite），為柯基犬的正確咬合方式。

切端咬合

上下前牙邊緣對齊的咬合方式，又稱為水平咬合（Level bite）。這在柯基犬身上通常還在可容許的範圍內。

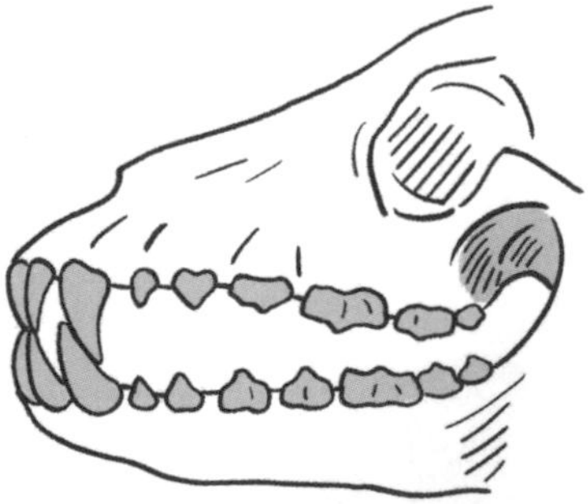

察就應該送至動物醫院就診。

不過另有一些案例是，雖然幼犬時期咬合不佳，但隨著成長而頜骨與肌肉日漸發達或是換牙而有所改善。

骨骼性咬合不正基本上是無法治療的，但如果是齒列性咬合不正，則可視咬合狀態或時期來進行治療。

下頜前突咬合

嘴巴閉闔時，下方前牙突出於上方前牙前面的咬合方式。發生在上頜短或下頜長的情況下。又稱為下齒過突咬合（Under shot）。

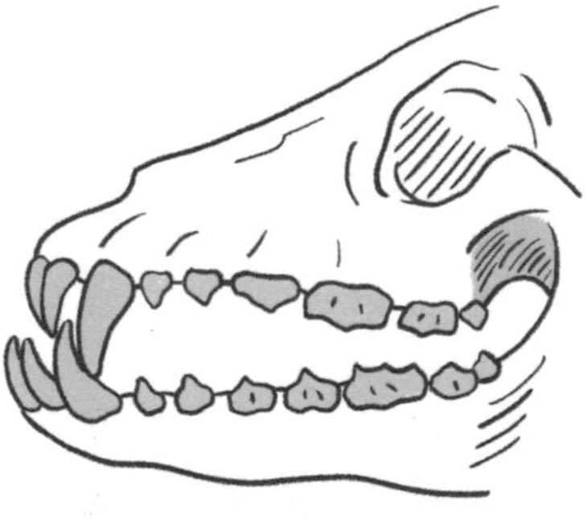

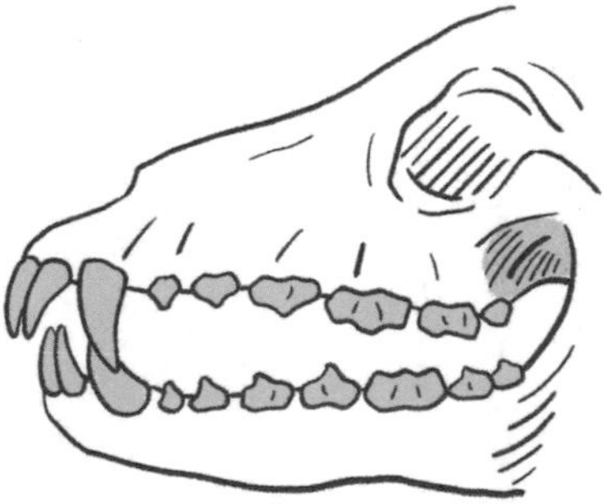

上頜前突咬合

咬合時，上下前牙之間出現縫隙的咬合方式。發生在上頜長或下頜短的情況下。又稱為上齒過突咬合（Over shot）。

好發於柯基犬的疾病

舌肌萎縮症

症狀

- 舌尖變薄
- 舌頭整體變薄
- 舌頭的動作不順暢
- 食物吞嚥困難
- 口水增加

原因

舌肌萎縮症是一種**因為舌頭肌肉萎縮導致舌頭變薄的疾病**，日本又稱為「舌ペラ病（舌薄症）」，正式疾病名稱未定。**好發於三歲以上的雌性柯基犬**。

有些只有舌尖變薄，有些則是舌頭整體變薄。若經過數年逐步惡化，將會無法順暢運用舌頭舀水或撈食物，導致營養攝取不足而體力逐漸下降。據說很多案例最終都死於誤嚥性肺炎。

這種病例還不多且原因不明。一般推測是免疫性的發炎性肌肉疾病。另有一說認為，是肌肉內的蛋白質滲漏並形成自體抗原而引發舌肌萎縮症。

目前只在日本的潘布魯克威爾斯柯基犬身上確診了這種疾病。

治療

如果能在初期至中期就展開治療，症狀可能會大有改善，但是不能停藥。**目前的現狀是，尚無可徹底根治的治療方式**。

一般會採取減緩病程的措施，比如投以類固醇藥劑或環孢素抑制劑等免疫抑制劑。

假如是舌頭整體變薄，會連喝水飲食都變得困難，因此必須插入灌食管至胃部，以胃造廔的形式補充必要的營養與水分。

症狀

- 臼齒斷裂而呈剝落狀
- 牙神經外露
- 僅斷裂部位發生牙周病

好發於柯基犬的疾病

第四前臼齒斷裂

原因

有別於人類的後牙，狗狗的臼齒末端是尖的，上頜第四前臼齒與下頜第一後臼齒交錯移動，形成如剪刀般的咬合方式。狗狗在咬東西時大多是使用這些牙齒，因此經常因為啃咬骨頭、牛蹄等硬物，或叼著球或圍欄等，導致**上頜第四前臼齒的外側部位斷裂而呈剝落狀**。

柯基犬大多喜歡啃咬，其中又以偏好硬物的類型居多。因此第四前臼齒容易斷裂。除此之外，也會因為交通事故或跌落意外而斷裂。

治療

先照X光確認斷裂程度後，再決定治療方式。

第四前臼齒對狗狗而言尤為重要，所以**應盡可能只治療牙齒而不拔牙，朝保留牙齒的方向進行評估**。

若斷裂未觸及牙神經，可利用牙冠修補材料作為填充物來修復牙齒，或先追蹤觀察一陣子。

如果斷裂已觸及牙神經不過神經尚未壞死，則利用牙髓保護劑與牙冠修補材料加以治療，或是拔牙。倘若神經已壞死，則須抽除神經，並以根管填充材料與牙冠修補材料加以填充，或是拔牙。

以第四前臼齒的情況來說，裂至牙齦下方的案例不在少數，僅憑牙齒治療難以修復，很多情況下必須拔牙。這樣的狀況不僅限於第四前臼齒，應格外留意避免讓狗狗長時間啃咬硬物以防牙齒斷裂。

重新審視平常給狗狗的點心、慣用的玩具與工具等，也是有效的預防方式。

透過日常護理守護愛犬的健康

在此介紹可於日常生活中維持愛犬健康的所有照護工作，比如刷毛、泡泡浴、清耳朵、修剪趾甲、刷牙等。為了平常就能順暢進行，最好把這些都變成習慣。

為了讓狗狗維持清潔並舒適度過每一天，日常護理是不可或缺的。此外，在照護過程中與愛犬親密接觸也有助於疾病的早期發現與預防。在進行刷毛、泡泡浴、修剪趾甲、清耳朵、口腔護理等的同時，不妨透過觀察、觸摸與嗅聞氣味來檢查愛犬的身體。

■刷毛

柯基犬的體毛是會長出底層毛與外層毛的雙層毛，且春秋兩季會迎來換毛期，但也有可能一整年都在掉毛。體毛肩負著保護皮膚、調節體溫等重要的功能。一旦有了多餘的毛，就會發生纏在一起、皮膚悶熱、汙垢堆積而容易引發細菌感染等狀況。若發現有掉毛等皮膚異常，應送至動物醫院就診。

■泡泡浴

泡泡浴可以讓皮膚與體毛保持健康，為治療皮膚病的一環，有助於預防與改善。狗狗的皮膚很敏感，所以要配合皮膚狀態來選擇泡泡浴劑，搓洗以便藥劑滲透至皮膚內部，洗完後必須徹底沖洗乾淨。如有殘留會引發皮膚病，所以須格外留意。

■修剪趾甲

如果保留趾甲不剪，可能會無法對腳背施力而造成關節的負荷、趾甲斷裂或有裂痕，甚至導致骨折或扭傷等嚴重傷害。定期修剪趾甲是很重要的。

■耳朵與眼睛的打理

為了避免汙垢堆積在耳裡，平日就應該檢查，且以每兩到三週一次的頻率來清理耳朵。此外，還要檢查眼睛四周，出現眼屎時，以浸泡溫水的紗布或棉花輕柔地去除。

■口腔護理

牙周病一旦惡化，會導致牙齒脫落、頷骨容易骨折，或引發內臟疾病等而縮短壽命。為了讓狗狗永遠都能靠自己的牙齒進食，最好養成刷牙的習慣以維持牙齒健康。

第4章

消化器官疾病

本章節彙整了從食道至肛門這系列具備消化食物之功能的器官的相關疾病。通常罹患消化器官疾病會很難正常攝取營養。務必努力做到早期發現與治療。

消化器官內的流動

小腸…空腸、迴腸
大腸…結腸、直腸

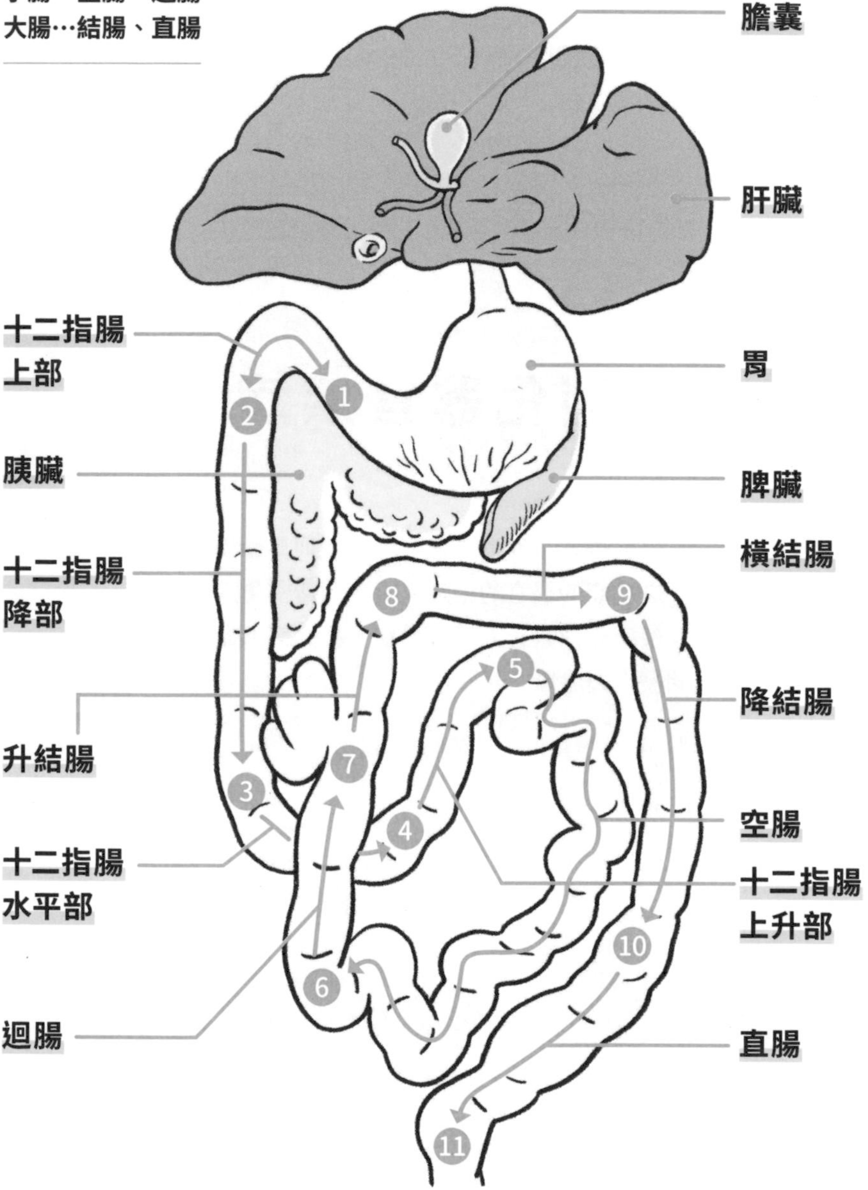
膽囊
肝臟
十二指腸
上部
胃
胰臟
脾臟
橫結腸
十二指腸
降部
降結腸
升結腸
空腸
十二指腸
水平部
十二指腸
上升部
迴腸
直腸
1
2
3
4
5
6
7
8
9
10
11

器官分泌出的消化液

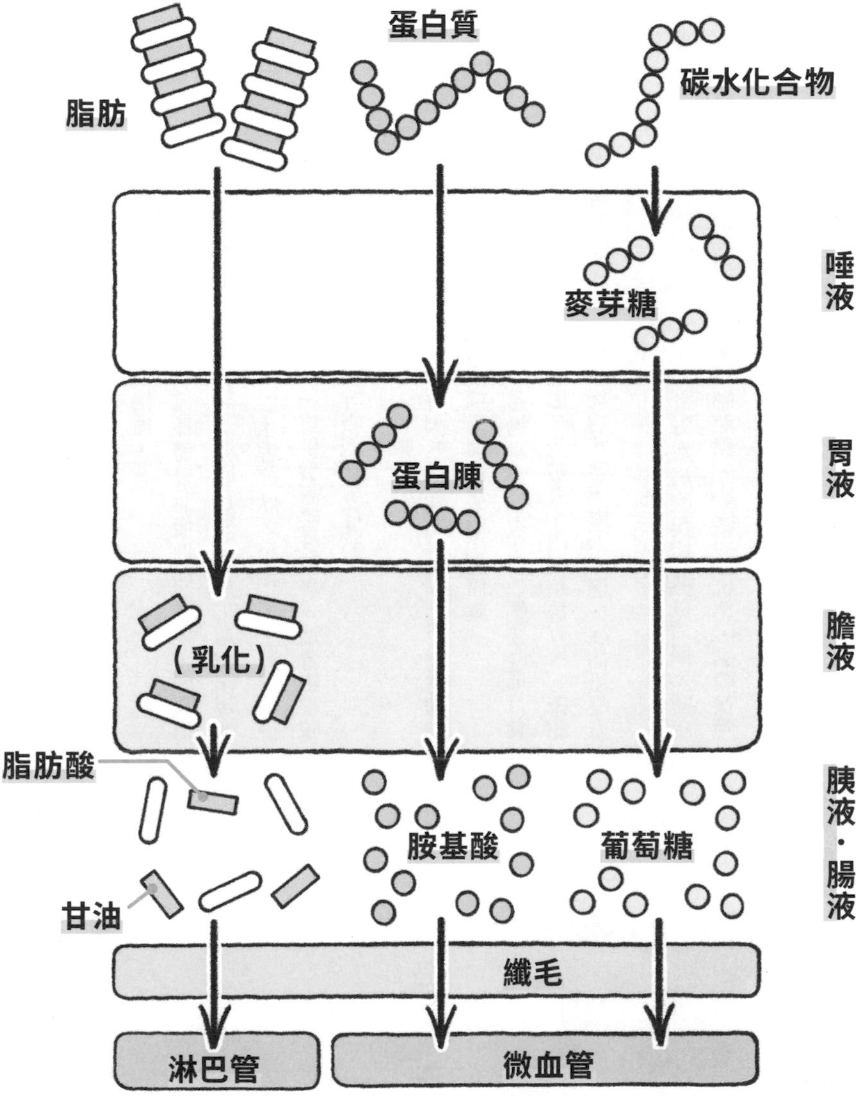

三大營養素（碳水化合物、蛋白質與脂肪）都是透過從消化系統中各個器官所分泌的消化液加以分解成醣類與胺基酸等。各種分泌液可消化並分解的營養素是固定的。醣類與胺基酸會被微血管與淋巴管所吸收，並運至體內的各個器官。

食道炎

症狀

- **口水增加**
- **食慾不振**
- **顫抖**
- **吞嚥動作增加**
- **昂頭站立**
- **吞嚥時會疼痛**
- **咳嗽**
- **引發巨食道症**

原因

所謂的食道，即從嘴巴攝取的食物進入胃之前的通道，而這種疾病即該**食道出現發炎症狀**。

原因有可能是吞下刺激性物質、因藥物或異物造成的外傷、過度嘔吐或全身麻醉等所引發的胃酸逆流（逆流性食道炎）等。

一旦引發食道炎，食道括約肌就會鬆弛，從而導致胃液更容易進入食道內。因此，**食道炎會逐漸惡化。隨著病情惡化，會引發巨食道症或食道狹窄而難以治癒**。

這種轉變為慢性病或重度的食道炎，除了造成食慾不振外，還會出現抑鬱、脫水等症狀，長期下來會日漸消瘦。一旦併發誤嚥性肺炎，還會出現咳嗽與呼吸困難等症狀。

治療

會因為進食而惡化，所以**去動物醫院前只能供水而不能餵食**。

透過身體檢查、以鋇劑等進行食道造影X光檢查、內視鏡檢查等，確認食道炎的狀態與原因，逐一評估治療方式。

針對致病的疾病進行治療，同時使用制酸劑、H_2受體拮抗劑、黏膜保護劑等來抑制炎症。

飲食方面採用高蛋白質、低脂肪的食物，如果沒有嘔吐，則少量多次地提供流質食品或軟質食物。

假如是**重度食道炎，則須設置胃造瘻，透過灌食管來供應食物與水，好讓食道休養**。

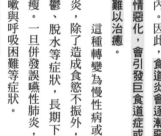

胃的構造

❶胃底部

胃的上部，接近賁門部位。與橫膈膜相接。

❷胃體部

胃的中心部位。

❸幽門部

接近胃出口的部位。

總膽管

將產自肝臟並於膽囊加以濃縮的膽汁輸送至十二指腸的管道。

食道

賁門

從食道連接至胃的入口部位。

十二指腸大乳頭

位於十二指腸內的小隆起。有個孔洞與總膽管相連。

幽門

為胃的出口部位，與十二指腸相連。

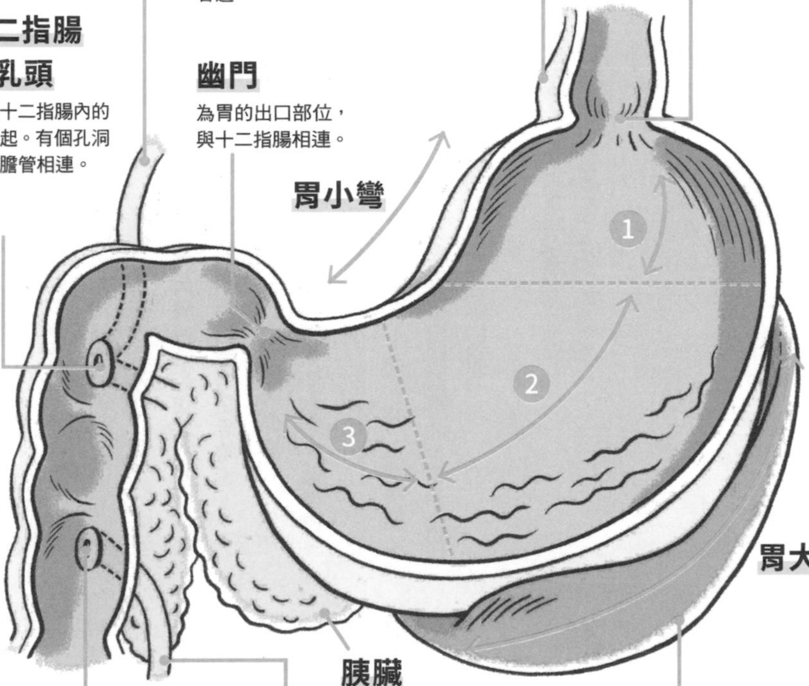

十二指腸小乳頭

位於十二指腸內的小隆起。有個孔洞與副胰管相連。

副胰管

將產自胰臟的胰液輸送至十二指腸的管道。

脾臟

胃的作用

- 將進入胃裡的食物與消化液混合並消化。

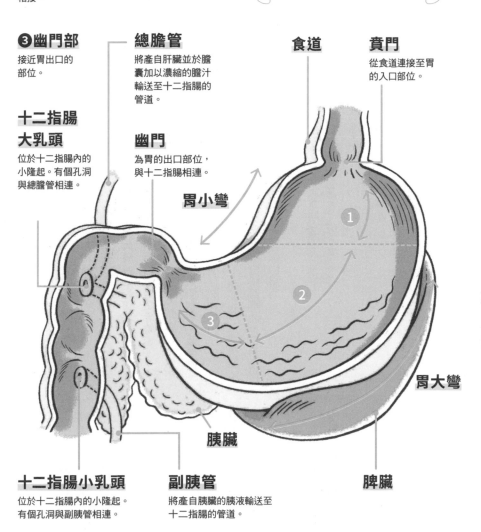

胃炎

症狀

•嘔吐　•食慾不振
•體重下降　•抑鬱

原因

因為胃黏膜發炎伴隨而來的急性或慢性嘔吐病狀即稱作胃炎。

急性胃炎是指原因不明的急性嘔吐，24～48小時內就能康復，可能是誤食、中毒、藥物、病毒感染、過度的免疫反應、尿毒症、肝衰竭、胰臟炎、艾迪森氏病等所引起。

慢性胃炎則是指嘔吐持續數週且對治療沒有反應的情況，包括淋巴球漿細胞性胃炎、嗜酸性胃炎、萎縮性胃炎與肥厚性胃炎等。

治療

透過病例或身體檢查進行排除式診斷，並觀察對治療的反應，同時進行血液檢查、尿液檢查或糞便檢查。此外，還須進行ACTH刺激試驗以排除艾迪森氏病，並透過X光與內視鏡檢查來排除異物或腫瘤的可能性。

若症狀持續七天以上且不斷惡化，應透過內視鏡檢查加以觀察，並進行胃黏膜的切片檢查等病理檢查。

治療的第一步是先禁食12～24小時，接著才開始餵食低脂肪、低纖維、低刺激性且低過敏性的食物。

針對中度以上的症狀，則應使用止吐劑、促進腸胃蠕動藥品、胃黏膜保護劑或胃酸分泌抑制劑。

胃酸分泌過多

症狀

•持續只吐胃液
•吃草
•引起食道或胃發炎
•吐血

原因

指儘管胃中空無一物仍分泌過多胃酸的狀態。**過度分泌的胃液會持續刺激自身的胃黏膜，因而引發嘔吐**。特徵在於嘔吐物只有胃液而不會吐出胃的內容物。大多會在黎明或傍晚進食前嘔吐。

假如大概一個月吐一次則問題不大，但如果一週內吐超過一次，置之不理有時會演變成胃潰瘍而吐血。吃下刺激食物或因環境變化等所造成的壓力也會導致胃酸過多。

治療

可採取延遲進食時間、增加進食次數、嘗試改變飲食內容等應對措施。如果未見改善，則先鑑別有無其他疾病，再視情況逐步服用胃酸分泌抑制劑等。解決壓力來源也很有效。

胃食道套疊

症狀

- 頻繁嘔吐
- 脫水
- 體重下降

原因

這是位於胃部上方的賁門部或胃體部有一部分跑進食道內的一種疾病，很少發生在狗狗身上。然而，若在幼犬時期發生胃擴張，就有可能演變成胃食道套疊。

有時也會被歸類為接下來要介紹的食道裂孔疝氣的病況之一。

治療

進行鋇劑攝影檢查、內視鏡檢查與CT檢查，確認患部的狀況後，**透過外科手術修復跑進食道裡的胃**，再進一步進行胃部固定手術。

食道裂孔疝氣

症狀

- 食慾不振
- 嘔吐
- 元氣盡失

原因

橫膈膜是分隔腹部與胸部的一層膜。這層橫膈膜上有一道讓食道、血管與神經穿過的食道裂孔，原本的作用是透過閉合位於食道與胃部上方的賁門來防止胃的內容物逆流。

當這個**賁門從食道裂孔突出導致橫膈膜無法鎖緊，進而引發胃酸逆流或食道炎**，這樣的狀態即為食道裂孔疝氣。

雖然原因不明，不過若這個讓食道、血管與橫膈膜相接的洞孔天生就比較大，胃就會更容易從該縫隙突出去。大約從幼犬時期便會出現這種疾病，有時會呼吸急促或發育比其他手足還慢。

治療

先進行鋇劑攝影檢查、內視鏡檢查與CT檢查，再決定治療方式。

在逆流性食道炎很嚴重或是疝氣已壓迫到心臟或肺部的情況下，必須進行外科手術。在患部附近的腹部或胸部開一個孔，並從該處使用內視鏡來動手術，讓器官回歸原位，並封閉大大敞開的洞孔。

食道裂孔疝氣是先天性疾病，故無法預防，不過平日仍應仔細觀察狗狗的進食狀況與發育狀態，**如有疑慮就應盡早送至動物醫院就診**。

胃擴張扭轉症

症狀

・口水流不停
・頻繁做出嘔吐之舉
・顯露出腹痛的模樣
・腹部急遽鼓脹
・引發呼吸困難或虛脫
・黏膜變得蒼白
・陷入休克狀態

原因

胃過度擴張或扭轉或胃部急遽鼓脹，導致腹部的主動脈及腔靜脈受到壓迫，**血液循環因而受阻，是一種會使狗狗陷入休克狀態而致死的急性疾病**。

病因尚無定論，不過大部分都是發生在進食或飲水後立刻運動之後，因此一般認為是對胃的內容物有所反應的胃部蠕動，加上因激烈運動使胃部晃動，導致胃部蠕動異常，從而引發扭轉或擴張。此外，有些情況下是因為激烈運動等，使喘息加劇而吸入大量空氣所致。

當胃發生扭轉導致氣體難以排出時，胃就會不斷擴張而壓迫到橫膈膜，阻礙到換氣，將會連呼吸都變得困難。

治療

會危及性命，所以必須採取緊急措施。首先，如果胃部過度鼓脹，應先用較粗的針從腹壁插入腫脹的胃，排出氣體來減壓。緊接著，如果狗狗仍保有意識，則拍攝X光來判別是胃擴張還是胃扭轉。

倘若已失去意識，則一邊用針進行減壓，一邊嘗試從嘴巴插入導管通達胃部。如果導管能輕易進入胃部，即可判定是胃擴張，因為如果是胃扭轉，導管大多無法進到胃裡。發生扭轉的胃部即便加以減壓也會很快就開始積聚氣體，最終導致胃壁壞死，因而須進行緊急開腹手術。

若要預防就必須做好管理，比如將飲食分成較小的分量以免一次吃太多，或是避免餐後運動等。

肝臟與膽囊的構造

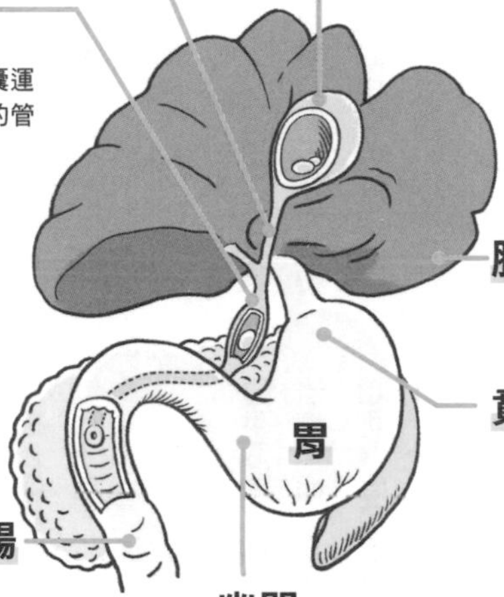
膽囊管
從總膽管連接至膽囊的管道。
總膽管
將膽汁從膽囊運至十二指腸的管道。
膽囊
肝臟
賁門
胃
十二指腸
幽門

肝臟的作用

- 代謝並儲存三大營養素。
- 分解並排泄酒精、藥物、有害物質等。
- 生成並分泌消化脂肪所需的膽汁。

膽囊的作用

- 儲存並濃縮膽汁。
- 將濃縮的膽汁輸送至十二指腸。

胰臟與脾臟的構造

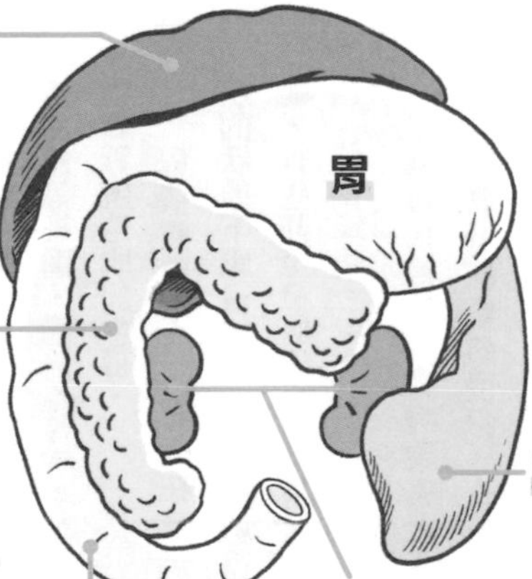
肝臟
胃
胰臟
脾臟
十二指腸
腎臟

胰臟的作用

- 生成並分泌消化液：胰液。
- 生成並分泌胰島素等荷爾蒙。

脾臟的作用

- 破壞血液中老化的紅血球。
- 製造抵禦病原菌的抗體。
- 積存新的血液。

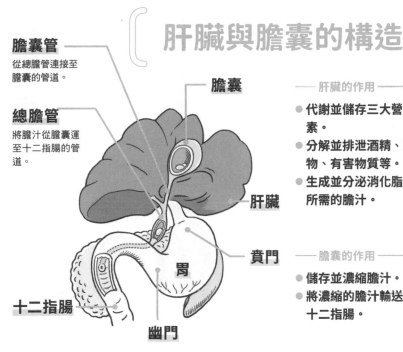

慢性肝炎

症狀

- 慢性食慾不振
- 黃疸
- 腹水積聚

原因

如其名所示，**這是一種慢性肝臟發炎的疾病，最終會引發纖維化而演變成肝硬化**。可分為與銅相關的肝炎及特發性肝炎兩種類型，不過狗狗大部分都是特發性肝炎。

與銅相關的肝炎是因為銅的代謝功能受損，導致銅積蓄於肝臟而引起發炎，有些是因遺傳性疾病與急性銅中毒所致。特發性肝炎顧名思義是突發性的，所以原因不明。目前已知與自體免疫、鉤端螺旋體或犬腺病毒一型等感染、藥劑等有關。

無論是哪一種類型，若是輕度至中度，大概是失去活力、食慾不振的程度，但若是惡化成重度，則會出現腹水積聚、黃疸、凝血功能異常、癲癇發作等。一旦病情進一步惡化，會開始頻繁抽搐且持續難治型的消化道出血，最終導致死亡。

治療

如果是與銅相關的肝炎，一般會**提供限制銅的飲食並投以銅的螯合劑來**治療。如果是特發性肝炎，則採用以環孢素等來進行的**免疫抑制療法**較為有效。

急性肝炎

症狀

- 頻繁的嘔吐
- 食慾不振
- 黃疸
- 排出如黑炭般漆黑的海苔狀糞便
- 痙攣
- 陷入休克狀態

原因

主要致病原因包括腺病毒一型或疱疹病毒（新生兒）等病毒感染、鉤端螺旋體等細菌、巴倍蟲等寄生蟲、化學物質等所造成的中毒。

病情輕重不一，有的在幾乎無症狀的狀態下康復，有的會引發嚴重肝衰竭，有些甚至發展成慢性肝炎。

治療

進行血液檢查會發現ＡＬＴ顯著上升，當肝臟實質受損，ＡＳＴ也會升高。ＡＬＰ升高還算輕症。**為了查明急性肝炎的原因，必須查清至今的疫苗接種紀錄、與其他動物的接觸史、用藥史與接種史等，因此最好從平常就確實記錄下這些資訊**。

治療包括透過點滴管理體液、治療細菌感染，並預防敗血症。

肝臟非炎症類疾病／肝臟腫瘤

肝臟非炎症類疾病可區分為感染性與非感染性。肝臟腫瘤有些源自肝臟，有些則是從其他部位轉移的。

● 肝門脈系統分流

症狀

- **發育不良** ・**嘔吐**
- **散發甜膩的口臭**
- **唾液變多**
- **步伐搖晃不穩、轉圈、癲癇發作**
- **膀胱內有氨結石**

原因

從食物中攝取的蛋白質通常會在體內代謝，從而產生氨等毒素。毒素為腸道所吸收，並通過名為肝門脈的血管運送至肝臟，進行化學處理轉為無毒。

肝門脈與全身靜脈之間有多餘的血管「分流血管」加以連結，當本應在肝臟轉為無毒的毒素未能得到處理而遊走全身，便會引起各種症狀。這類疾病有先天性與後天性之分，後天性可能是肝門脈的血壓上升、重症肝炎或肝硬化等原因所致。

治療

輕症、外科治療前後，或是難以採取外科治療的情況下，應採取內科治療，**透過服藥或飲食療法來穩定並緩解症狀**。如果症狀嚴重或要進行根除性治療，則須透過**外科手術閉合分流血管**。

● 先天性肝臟疾病（原發性肝門脈發育不良）

症狀

- **大多無症狀。在健康檢查等過程中發現肝臟數值異常，再透過肝臟切片檢查做出確切的診斷。**
- **嚴重的話會出現腹水積聚**

原因

先天性肝臟疾病是因為肝門脈發育不全**導致門脈內的血液無法送達肝細胞**，從而引發肝功能異常。重症有時還會因為門脈高壓症而出現分流血管。

治療

大多情況下無須治療。然而，必須針對已引發門脈高壓症的狗狗提供肝臟專用治療性食品，並投以類固醇藥劑或環孢素。此外，還須投以利尿劑等來治療腹水。

膽囊黏液囊腫

症狀

・嘔吐　・腹痛　・元氣盡失
・食慾不振　・黃疸
・膽囊破裂　・猝死

原因

這是膽囊中積蓄著果凍狀黏液物質的一種疾病。產自肝臟的膽汁會儲存於膽囊內，發揮著消化脂肪的作用。進食後，膽囊會收縮，膽汁隨之通過總膽管，釋放至十二指腸。

膽囊黏液囊腫的病因尚無定論，不過若因膽囊粘膜增生而黏液分泌過度，黏度高的膠狀黏液積聚，不光是膽囊內，還會阻塞總膽管與肝內膽管，引起阻塞性黃疸、膽囊炎等。

另有一說認為是膽石或膽泥等的刺激所引起，最根本的原因尚無定論。大多患有甲狀腺機能低下症或腎上腺皮質機能亢進症等疾病。**有高脂血症的狗狗比較容易罹患此病**。

治療

如果沒有出現可透過超音波檢查加以診斷的症狀，應採取內科治療或飲食療法，並進行定期的追蹤檢查。

若出現黃疸等症狀，則透過外科手術將膽囊摘除。病情惡化後才動手術的風險很高，因此若超音波檢查的結果**強烈懷疑罹患此病，在出現症狀前就先接受膽囊摘除手術比較有利**。

膽石症・膽泥症

症狀

・元氣盡失　・食慾不振
・嘔吐　・腹痛
・黃疸

原因

膽汁因為某些原因而變成泥狀，稱作膽泥症，若病情進一步惡化而形成結石，則稱為膽石症。這兩種疾病都會阻塞膽管（膽汁的通道）而出現各種症狀。

首先會出現黃疸，只要沒有解除膽管阻塞問題，黃疸就會持續惡化。有些情況下還有可能導致膽囊破裂或引發腹膜炎，重度的黃疸甚至會因為毒素而致死。

治療

若能利用利膽劑改善膽汁的流動自然再好不過，但**如果內科療法未見改善，則有必要進行緊急外科手術**。

將膽囊整個摘除，並移除總膽管上的阻塞物。如果無法從膽囊一側打通，則進行十二指腸切開手術，從十二指腸一側去除阻塞物。

急性胰臟炎

症狀

- **嘔吐**
- **腹痛**
- **胃痛**
- **步伐搖晃不穩、痙攣**

原因

因為各種原因**導致胰臟所含的消化酵素在胰臟內活性化而開始自我消化，以致炎症擴散**，在全身引發各種症狀。原因尚不明確，大多是因為免疫力、高脂肪食品、飲食內容急遽變化、誤嚥或肥胖等所引起。有時也會因為全身麻醉等導致血壓下降或胰臟的血液量下降而引起。中性脂肪較高的狗狗發病風險高。

治療

透過血液檢查、X光檢查、超音波檢查與尿液檢查等來進行診斷。

治療**以住院進行管理的維持療法為主**。施打點滴來改善胰臟血液的流動，投以胰臟炎改善劑、止吐劑或止痛藥，並且執行飲食療法。關鍵在於透過早期發現來避免病情演變成重症。

如果病情極輕微，有些案例是以施打點滴或餵食口服藥物等門診治療為主，但是這種疾病容易急遽惡化，所以必須勤跑醫院就診並觀察。

胰腺外分泌功能不全

症狀

- **體重下降**
- **腹瀉**
- **排出顏色較淡的未消化糞便**
- **食慾增加**
- **食糞**
- **慢性脂漏性皮膚炎**

原因

胰臟肩負著分泌胰島素等荷爾蒙的內分泌，以及分泌消化酵素的外分泌兩種作用。**胰腺外分泌功能不全即其中的消化酵素分泌因為某些原因而受阻，從而引起消化吸收不良的一種疾病。**

一般認為致病原因可能是遺傳性要素導致胰腺的腺泡細胞萎縮、慢性胰臟炎導致胰臟分泌消化酵素的細胞遭到破壞、胰臟腫瘤、十二指腸內發炎等。

治療

進行糞便檢查或是血液檢查來診斷。**在飲食中混入狗狗缺乏的消化酵素粉末等來餵食**。外加服用維生素B12。還會使用抗菌藥以求降低併發小腸內細菌過度增生的風險。

在低脂肪而好消化的飲食上費心思，預防容易併發的慢性胰臟炎、發炎性腸道疾病、糖尿病等疾病。

小腸、大腸與肛門的構造

大腸

與小腸相接，吸收水分與鈉。使糞便變硬後送至肛門。與結腸、直腸合稱為大腸。

肛門

排出糞便與體內氣體的孔洞。

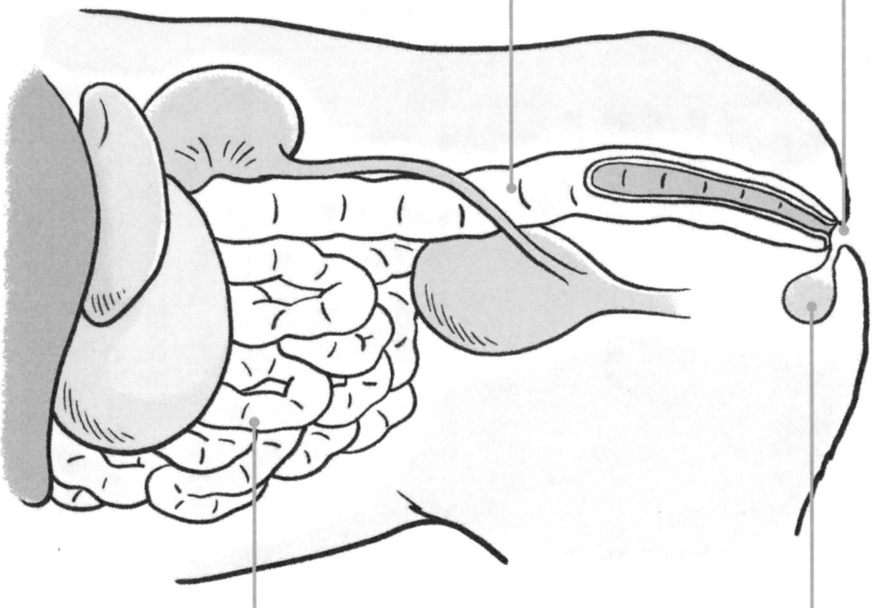

小腸

與十二指腸相接，負責消化並吸收食物。為體內最長的氣管。與迴腸、空腸合稱為小腸。

肛門囊（肛門腺）

生成用以識別個體而氣味強烈的分泌物。

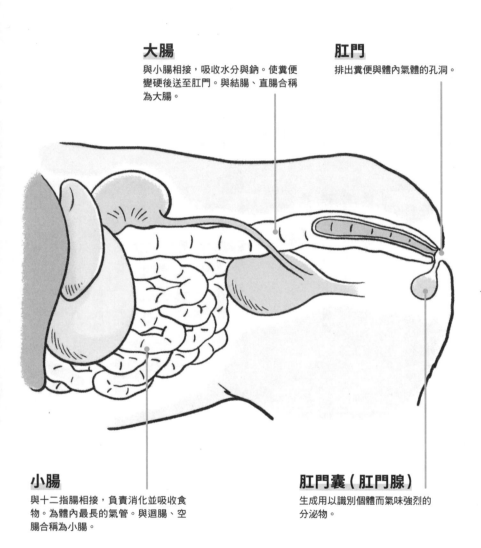

蛋白質流失腸病變

症狀

・毛髮無光澤
・嘔吐、食慾不振
・反覆軟便與腹瀉
・體重下降　・浮腫、腹水

原因

白蛋白與球蛋白皆為蛋白質，此疾病便是這兩種蛋白質從腸道內部大量外漏，導致血液中的蛋白質量減少，從而引發低蛋白血症。可能的致病原因為發炎性腸道疾病、腸道淋巴管擴張症等。一般認為這兩種疾病皆與遺傳性因素、飲食及免疫力有關。

不分性別與年齡皆有可能發病。

治療

有許多狗狗到了末期活力與食慾都未減，但也**有不少在腹瀉不止、腹部腫大等危及性命的狀態下就醫**。在慢性消化器官疾病中屬於較嚴重的疾病，所以必須**早期發現並早期治療**。

此外，可能還患有會引發低蛋白血症的腎臟疾病、胰腺外分泌功能不全、艾迪森氏病等重度疾病，必須確實進行鑑別診斷。

透過血液檢查、血液生化檢查、荷爾蒙檢查、超音波檢查與內視鏡檢查來診斷，再根據病因進行各種治療，比如飲食療法、投以免疫抑制劑、抗癌藥、利尿劑。視病因或狀態而定，有些情況下治療須持續終生。

腸阻塞

症狀

・元氣盡失
・完全失去食慾
・腹瀉、嘔吐、脫水症狀
・腹痛

原因

腸道因為某些原因而阻塞，陷入內容物無法通過的狀態。大多是誤嚥所致，比如吞下玩具或庭石、梅干或桃子的籽、酸痛貼布、毛巾或繩狀物等。致病原因還包括嚴重的腸道沾黏、腸道腫瘤、腸扭轉、嚴重的腸套疊等。當腸道阻塞導致阻塞部位的腸子穿孔或壞死等，從而引發腹膜炎，會變得更加嚴重。

治療

透過超音波檢查與包括造影在內的X光檢查來診斷。確定有阻塞後，應盡快進行血液檢查、血液生化檢查、凝血檢驗、心電圖檢查等，判斷是否可以動手術。**在大多情況下，會當天就進行緊急手術以消除病因**。

手術後必須住院治療至少三天。

小腸疾病

小腸出現異常所引發的疾病。在此介紹一些較具代表性的疾病。

● 急性腸胃炎

症狀

- **突然腹瀉、嘔吐**
- **食慾不振**

原因

胃或小腸的黏膜發炎，引起腹瀉、腹痛與嘔吐。除了食物（在腸內腐敗、發酵、引發過敏等）外，有時是因為誤食異物或植物、細菌（沙門氏桿菌、曲狀桿菌、梭菌屬等）或病毒（犬小病毒、冠狀病毒、犬瘟熱等）感染、寄生蟲感染、藥劑或迷走神經受到過度刺激等原因所致。

此外，還有可能是所謂的出血性腸胃炎所致，這是一種會伴隨著嘔吐與可怕液態血便、可觀察到血液顯著濃縮（PCV70～80）但原因尚未釐清的急性腸胃炎。據判應該是過敏反應或細菌造成的毒素所引起的。

治療

以施打點滴為主，再因應原因與症狀投以止吐劑、整腸劑、抗菌劑等藥物。如果是寄生蟲所致，則應服用驅蟲藥。

● 十二指腸炎

症狀

- **經常採取蜷曲背部的姿勢**
- **腹部一碰就痛**
- **吐血、血便**

原因

十二指腸為小腸的一部分，與胃直接相連。這種疾病即該**十二指腸出現發炎症狀**。十二指腸上有連接膽管與胰管的開孔，且與胰臟相接。因此也**很容易受到胰臟或膽囊的炎症影響**。**胃部疾病的炎症波及十二指腸、蛋白質流失腸病變等，也有可能是致病原因**。

除此之外，致病原因也包括受到服用藥物的影響，或是身心方面的壓力等。

治療

如果**症狀輕微，可餵食口服藥物來觀察狀況**，並且提供治療性食品或易消化的食物。症狀嚴重的話，則須進行血液檢查、X光檢查、超音波檢查與內視鏡檢查。**如果排出黑色糞便，表示病情相當嚴重，須格外留意**。

如果是心因性壓力所致，勢必得消除壓力來源，但是查清原因的可能性低，所以大多會仰賴鎮靜劑。

● 發炎性腸道疾病（IBD）

症狀

- **慢性腹瀉、嘔吐**
- **食慾不振**
- **體重逐漸下降**

原因

發炎性腸道疾病（IBD）是一種**炎症細胞會逐漸擴散至腸黏膜的慢性腸道疾病**。發病原因不明。

根據炎症細胞的種類與部位，可區分為淋巴球漿細胞性腸炎、肉芽腫性腸炎、嗜酸性腸炎等類型，不過狗狗被診斷出的案例以淋巴球漿細胞性腸炎居多。

治療

如果有慢性腹瀉與嘔吐的症狀，應先進行糞便檢查、血液檢查、X光檢查與超音波檢查等。若在血液檢查中發現TP與白蛋白低下，或在超音波檢查中出現別具特徵的觀察結果，則有必要加以鑑定，與腎臟、腎上腺與胰臟等的其他疾病做出區別。利用內視鏡進行切片檢查，並透過病理組織檢查做出確切的診斷。

主要以低脂肪、低過敏性的治療性食品來**進行飲食療法，並使用抗菌劑、類固醇藥劑等免疫抑制劑**。每週注射一次氰鈷胺也很有效。病因較為複雜，所以瞭解疾病並悉心做好管理至關重要。

● 腸道淋巴管擴張症

症狀

- **腹水、浮腫**
- **食慾不振**
- **體重下降**
- **慢性腹瀉**

原因

這是腸黏膜、黏膜下層、腸繫膜的淋巴管因為某些原因而異常擴張，**導致蛋白質外漏至腸內的一種疾病**。

若因各種基礎疾病導致淋巴回流受阻，腸內的淋巴管壓力會上升而擴張。此外，淋巴管一旦破裂，就會形成肉芽腫，使淋巴回流更不順暢而日益擴張。

當從異常擴張的**淋巴管外漏至腸道內的蛋白質量多於吸收量時，便會造成低蛋白血症**而出現腹瀉與腹水等症狀。

有先天性與後天性之分，狗狗大多為後天性。一般最常見的案例是因為腸道炎症、腫瘤、右心衰竭、門脈高壓症等疾病，使淋巴管因內部壓力升高而擴張，導致蛋白質外漏至腸道中。

治療

診斷與治療皆以發炎性腸道疾病為基準。飲食中的脂肪成分會促進淋巴管的擴張，因此改成低脂肪食品等飲食療法就變得舉足輕重。

● 腸道寄生蟲

症狀

- **食慾不振**
- **嘔吐、腹瀉**
- **血便**
- **呼吸器官症狀**

原因

因為以蛔蟲較具代表性的消化道內寄生蟲而引發各種症狀。詳情請參照154頁。

大腸疾病

因大腸出現各種異常所引發的疾病。在此介紹一些較具代表性的疾病。

●大腸炎

症狀

- **腹瀉**
- **嘔吐**
- **糞便中混有黏液**
- **排便次數增加**
- **排便結束後仍維持排便姿勢一段時間（裏急後重，意指頻繁有急迫便意卻難解或解少）**
- **血便**

原因

大腸出現發炎症狀的疾病之總稱，可能的原因繁多，比如飲食過度或吃了吃不慣的食物等飲食性因素、周圍環境變化造成的精神壓力、季節更迭或夏日酷暑等所引發的壓力、病毒或細菌的感染、鞭蟲或原蟲等寄生蟲、淋巴球漿細胞性大腸炎等特發性疾病、胰臟炎等代謝性因素、艾迪森氏病等內分泌性因素、大腸中的腫瘤、息肉或腸套疊等。也有可能是服用藥物的副作用所致。

治療

首先應進行糞便檢查與腹部觸診等。針對腹瀉投以整腸劑或止瀉藥。如果有寄生蟲，還須投以驅蟲藥。若為細菌性因素則應服用抗菌藥。

此外，飲食方面則採用低脂肪食品等飲食療法，直到症狀改善為止。

因為環境變化或季節更迭所造成的壓力，只要生活或環境穩定下來，大多都能有所改善。

大腸炎**反覆發作的情況下**，應進行糞便的ＰＣＲ檢查、血液檢查、Ｘ光檢查與超音波檢查，如有必要，還須進行ＣＴ檢查等，**查明大腸炎的病因**。

●大腸息肉

症狀

- **血便**
- **糞便中混有黏液**
- **排便結束後仍維持排便姿勢一段時間（裏急後重）**

原因

這是因為大腸（結腸與直腸）的黏膜上形成息肉，導致排便困難的一種疾病。可區分成腫瘤性與非腫瘤性兩種類型。腫瘤性又分為腺瘤與癌症；非腫瘤性則可分為發炎性息肉、缺陷瘤性息肉等。

近年來，臘腸犬經常出現發炎性息肉的病例，息肉會嚴重發炎或出血，對身體造成排便困難、排便疼痛與貧血等傷害。

會有只形成一顆大息肉與同時形成多顆息肉等情況，息肉的形狀、大小與數量各不相同。目前仍未釐清發病機制的細節，但一般認為與免疫異常息息相關。

據說病例從七歲以上的中高年期開始增加。

治療

進行直腸檢查與糞便檢查等。還需要病理組織檢查來做最終判斷。

如果是發炎性息肉，**應投以類固醇藥劑或免疫抑制劑**，並同時開立抗生素。倘若服藥後不見成效，**則須改變藥物類型並追蹤觀察**。

在用藥無效、息肉較大導致排便困難、引發直腸脫垂等情況下，則應進行直腸切除等外科切除手術。

●大腸癌

症狀

- 嘔吐、腹瀉
- 便祕、糞便異常
- 食慾不振
- 元氣盡失

原因

這是一種大腸上長出惡性腫瘤的疾病。雖然病例不多，但也有大腸息肉演變成癌症的案例。

治療

透過血液檢查、X光檢查與超音波檢查，查清是否有其他腫瘤，以及淋巴結是否腫脹。當腫瘤位於黏膜表面時，則以細針進行細胞學檢查，或從腫瘤少量提取病變組織來進行病理檢查。

如果診斷為惡性，則須進行CT檢查，查清腫瘤的範圍以及是否已轉移，再來評估治療方式。

惡性腫瘤的治療方式主要有三種，即抗癌藥治療、放射線治療及手術。與獸醫討論來決定治療的方式。

如果是大腸癌，營養狀態通常都會變差，所以做好飲食管理也很重要。

圍肛腺癌・圍肛腺瘤

症狀

・肛門周圍長出腫瘤

原因

這兩種都是**在肛門周圍皮膚長出腫瘤的疾病。圍肛腺癌是非常罕見的惡性腫瘤**，但會強力滲透至深層部位，容易轉為潰瘍性腫瘤。病情一旦惡化，就會轉移至腰下淋巴結或髂骨淋巴結，有時還會轉移至肝臟、腎臟與肺部等。當腫瘤變得過大，會無法排便而危及性命，因此必須及早應對。

圍肛腺瘤為良性的腫瘤，所以幾乎不會滲透至深層部位或轉移。然而，隨著腫瘤擴大，表面就會自毀而容易出血。

圍肛腺癌和圍肛腺瘤皆與男性荷爾蒙有關，所以在**未結紮的雄犬中相當常見**，不過有時也會發生在已經絕育的雌犬身上。

治療

這兩種腫瘤皆須進行切片檢查來進行病理診斷。如果在病理檢查中診斷為圍肛腺癌，則須進行ＣＴ檢查來查明轉移狀況。

目前已知這種癌症的腫瘤**直徑與剩餘壽命息息相關**，據說沒有明顯轉移的腫瘤只要**直徑小於五公分，便還有二十四個月的壽命**，因此應進行較積極的摘除手術。

倘若腫瘤的直徑**大於五公分，則餘命為十二個月**。只要先透過放射線治療將腫瘤的直徑縮小，再進行摘除手術，就有可能延長剩餘壽命。如果已經發生遠端轉移，則餘命為七個月。

圍肛腺瘤是受到荷爾蒙的影響，所以如果是小腫瘤，有時只須進行結紮手術就會消失。然而，超過一公分的腫瘤則須透過外科手術將腫瘤摘除，並進行結紮以防止復發。

肛門囊頂漿腺腺癌

症狀

- 肛門周圍腫脹
- 便祕
- 糞便變扁
- 多飲多尿
- 食慾不振
- 後腳疼痛
- 高鈣血症

原因

這是一種長在肛門囊內一個名為頂漿腺的汗腺上的惡性腫瘤。

發生在肛門內的腫瘤往往較晚察覺，且病程較為緩和，因此**發現時往往已經轉移至腰窩淋巴結**。

若病情繼續惡化，通常會因為轉移處的腰窩淋巴結腫大而造成排便困難，或伴隨著骨浸潤所引起的後肢疼痛。

很多時候是因為擠肛門腺時看到腫塊或出血才察覺。此外，罹患這種癌症的狗狗大多會出現高鈣血症，所以有時是從高鈣血症的鑑別診斷中發現罹癌。

治療

透過視診或直腸檢查發現腫瘤。如果患有高鈣血症，也有可能對神經、肌肉、腸胃、腎臟與心臟造成繼發性損傷，因此應進行治療以抑制該症狀。

進行CT檢查，根據腫瘤浸潤到什麼程度來判斷是否適合動手術。

可**透過外科手術縮小腫瘤及轉移處腰窩淋巴結的體積**，這樣的治療有時可讓狗狗存活較長時間。

據說手術後再進行放射線治療或化學治療可進一步延長存活時間，不過有些案例即便沒有進行化學治療等而發生遠端轉移，仍存活好幾年，因此其效果仍有待商榷。

無論如何，早期發現並早期治療至關重要，因此應定期接受健康檢查。

症狀

- 嘔吐
- 腹瀉
- 口水增加
- 食慾不振
- 元氣盡失

好發於柯基犬的疾病

誤嚥・誤食

所謂的誤嚥與誤食，是指狗狗因為吃進嘴裡的東西而引發各種症狀與問題。

誤嚥的原因

誤將放進嘴裡的東西吞下肚所引發的問題。有不少案例是狗狗在咬著玩具、布、庭石、種子、拖鞋、紙巾等玩耍時，不慎掉進喉嚨深處。柯基犬大多屬於好奇心旺盛的類型，所以會對異物感興趣，很容易咬著咬著就發生誤嚥。

誤食的原因

誤將食品或異物吃下肚所引發的問題。使狗狗中毒的食品、吃剩的水果、人類的藥品等，身邊的食物或散步途中撿到的食物都有可能導致意外。食慾旺盛的柯基犬經常會把放在觸手可及範圍內的東西放進嘴裡。

症狀

症狀會因誤嚥或誤食之物的種類、數量與大小而異，如果卡在食道裡，會出現嚴重流口水、劇烈作嘔、呼吸困難等症狀，有時甚至在短時間內就會陷入性命垂危的狀態。

當東西落入胃裡，主要症狀會變成嘔吐，對胃黏膜的刺激則因其形狀、硬度與成分而異，有些無症狀，有些則會出現食慾不振、嚴重嘔吐、慢性嘔吐、吐血等症狀。

當東西進入小腸中，主要症狀會從嘔吐轉為腹瀉，還會出現食慾不振、元氣盡失、腹痛等症狀。倘若吞食了有毒物質，還會出現痙攣、血便、血尿、貧血、內臟損傷等。

有時會需要一段時間才會出現異常，因此如果目睹狗狗吞下東西的現場或看到狗狗痛苦的模樣，**最好不要顧慮時間，立即致電動物醫院並遵照醫生的指示處理**。

就醫

如果是晚上而固定就診的獸醫已經休診，應聯繫夜間急診動物醫院等。情況允許的話，先確認好狗狗吞進嘴裡的東西的種類或數量，如果有遺留碎片或相同的東西，則一併帶去，有助於快速決定檢查與治療方針。

檢查

為了確認狗狗吞下之物的種類、大小與停留的位置，必須先進行X光檢查。如果是難以拍攝出影像的東西，則進行超音波檢查、鋇劑攝影X光檢查或CT檢查等。

治療

①催吐處理：如果異物在食道或胃裡，而且是吐出來危險性不高的東西，便注射催吐劑。②內視鏡：麻醉後，從嘴巴放入內視鏡與鉗子，取出異物。③開腹手術：如果是透過催吐處理或內視鏡也無法取出的東西，則進行開腹手術。當吞下異物已經過了一段時間而移動至小腸的情況下，也須動手術。④洗胃・內科治療：吞下有毒物質時所採取的治療。在麻醉狀態下洗胃。有些物質即便吞下後已經過了一段時間，此法仍是有效的。洗胃後通常會在胃裡放些活性碳等吸附劑。然而，如果是吞下固態的烏龍茶茶葉等，洗胃會從茶葉溶解出咖啡因，反倒增加毒性，因此洗胃一法不可行。若引起中毒症狀，則對症進行治療。

預防

狗狗容易誤嚥或誤食的東西多半位於人類身邊。尤其是未滿一歲的狗狗，經常出於好奇而把異物放進嘴裡。為了守護狗狗的安全，應在整頓環境方面多費心思。只要好好檢討屋內的整理整頓、垃圾筒的高度與擺放位置，就不太會發生誤食意外。另可採取一些巧思，比如碰到草叢便縮短牽引繩等。

容易誤嚥或誤食的東西

●異物／吞下肚的東西

- 沾有飼主氣味的襪子或毛巾、沾有點心氣味的兒童玩具、使用後的酸痛貼布、餐桌上的肉或蘋果、硬幣等，因為喜歡那些氣味而不慎吃下肚。
- 不慎將不大不小的口香糖或骨頭吞下肚。
- 散步途中把頭埋進草叢裡，在那瞬間誤嚥了異物。

●有毒食物／會引發中毒的東西

・洋蔥或韭菜

蔥類所含的二烯丙基二硫會破壞紅血球而引發貧血。狗狗不太會吃到蔥類本身，大多是誤食漢堡、馬鈴薯燉肉或咖哩等料理。

・咖啡或巧克力

咖啡或茶葉中所含的咖啡因，以及可可豆中所含的可可鹼，都可能造成腹瀉、嘔吐、異常興奮、癲癇發作等。

・人類的藥品

症狀會因藥品的種類與用量而異。狗狗可能是看到家人服用，或是受到藥物掉落時滾動的節奏所吸引，結果不小心將藥物吞下。

症狀

- 逆流
- 行走困難
- 起立困難

好發於柯基犬的疾病

巨食道症

原因

這是部分或整個食道擴大而功能衰退，導致無法順利將食物送進胃裡的一種疾病。是因先天性或後天性因素所引起。

先天性的病因尚無定論，不過大多出現在離乳後不久的幼犬身上。如果是後天性的，可能的致病原因包括重症肌無力症、甲狀腺機能低下症、腎上腺皮質激素衰退的艾迪森氏病、特發性疾病等。

治療

透過一般的X光檢查來診斷。**因巨食道症致死的原因大多是咽喉麻痺引發的誤嚥性肺炎**，所以等不及查明病因，在這之前應先以對症療法為主。**將水與食物擺於高處，讓狗狗在進食後仍維持站立狀態**，有助於食物流進胃裡。此外，對於咳不停或難以照料的狗狗，建議設置胃造廔。

除此之外，在查明病因後，還要針對該疾病進行治療。在狗狗健康的時候也不能掉以輕心，做好預防誤嚥措施是很重要的。

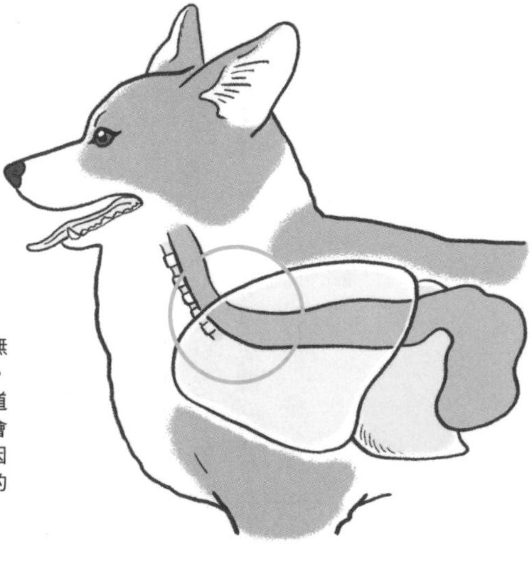

食道的肌肉鬆弛，導致無力脫垂的管道擴張開來。大多數情況下是整條食道都擴張。本來食道是不會顯現在X光片上的，卻因擴張而映照出清晰可見的空洞。

好發於柯基犬的疾病

會陰疝氣

症狀

- 肛門的周邊鼓脹
- 腹瀉不止、排便次數減少
- 想排便卻排不出來
- 臀部疼痛
- 尿液無法排出

原因

常見於七歲以上未結紮的雄犬。**隨著年齡增長與男性荷爾蒙的影響，骨盆周圍的肌肉變得薄弱而形成縫隙，引發直腸走向位移，或是小腸、膀胱、前列腺等器官或腹腔內脂肪等掉進骨盆腔中**。頻繁吠叫、容易腹瀉、有點便祕等，腹壓升高的要因與遺傳因素也與發病息息相關。

症狀

以外觀來看，肛門周圍有一部分或整個區域是鼓脹的。結腸周圍的肌肉變薄而失去支撐，導致原為直線狀的結腸移位而呈S字狀。排便時一使勁，位移就更嚴重，使結腸的S字狀曲線變得更彎曲，**導致糞便無法輕易通過結腸而造成排便困難**。

無法排出的宿便會隨著每一次的用力而變得更硬更大，導致肛門兩側隆起。如此一來，狗狗會持續排出少量的軟便或水便。

此外，當膀胱掉進骨盆腔內，尿道會內翻，因而容易隨著尿液積聚而引發尿道阻塞。

初期階段疼痛較輕微，但是會持續處於相當痛苦而不適的狀態，因此盡早處理很重要。

檢查

為了確認突出部位與器官狀態，應進行觸診與直腸檢查，必要時還須進行超音波檢查與X光檢查。

治療

大多數的案例都必須進行外科手術，將突出於會陰部的器官恢復到適當的位置，並封閉骨盆腔與腹腔之間的開孔。

有多種手術方式，應根據疝氣程度與內容物來選擇。還應進行結紮手術以減少復發。

在無法進行外科手術的情況下，則投以軟化劑，再用手指按壓隆起部位以促進排便。

雌犬與動過結紮手術的雄犬較少發病，因此趁年輕進行結紮手術有助於預防。避免非必要吠叫的訓練，以及透過散步避免壓力累積也很重要。

以正確的使用方式安全地餵藥

作為治療的一環，經常必須在家裡讓狗狗服用動物醫院開立的藥物。最好事先記住藥物的餵食方式與注意事項，以便在餵藥時不慌不忙且萬無一失。

動物醫院開立的藥物包括口服藥物、塗抹藥物、滴注藥物和清洗藥物等。無論是哪種類型的藥物，皆須遵守正確的使用方式以確保安全無虞。

首先，應遵循每日的用藥次數。切勿擅自判斷而改變用藥次數，或是一次給兩次的分量。用藥量是根據狗狗的體重決定的，切忌增減分量。此外，若因狗狗症狀有所改善就自行判斷而停止服藥，可能會導致疾病轉為慢性或復發。鐵則是遵守獸醫的指示並遵循其判斷。

■口服藥物

口服藥物是從嘴巴吞入並於胃或小腸溶解吸收，包括藥錠、藥粉、糖漿、膠囊等類型。藥錠須讓狗狗張嘴並往口腔深處裡放；藥粉則先溶於水，再沾附於上顎內側或牙齦外側等狗狗容易舔舐的地方。膠囊可以如藥錠般塞進嘴巴深處，或將裡面的粉末取出溶於水等來服用；糖漿則利用滴管或注射器吸出來餵食。

如果狗狗無論如何都不肯服藥也不要勉強，請向獸醫諮詢。平日就多練習觸碰狗狗的嘴巴四周與口腔內部是很重要的。

■塗抹藥物

塗抹藥物大多用於治療皮膚，包括乳液、乳霜與軟膏等。應根據使用部位分別運用，乳液與乳霜主要塗抹於容易舔舐的部位，軟膏則用於不易舔舐的部位。此外，必須根據病況留意塗抹的方向。如果是皮癬菌病等傳染病，應朝內側方向塗抹以免患部擴散。為了促進吸收，最好在用餐或散步前塗抹。

■滴注藥物

滴注藥物包括分別用於眼睛、耳朵與鼻子的眼藥水、滴耳劑與滴鼻劑等。這些皆須於定點滴藥，經常會讓狗狗感到害怕或厭惡。如果難以克服，可以由兩個人來進行，一人負責滴藥，另一人固定好狗狗，即可較順利地上藥。

第5章

泌尿器官與生殖器官疾病

罹患泌尿系統疾病的柯基犬不在少數。排不出尿可能會危及性命，因此若有異常請務必及早發現。生殖器官的疾病有時可透過結紮與絕育手術來預防。

腎臟的構造

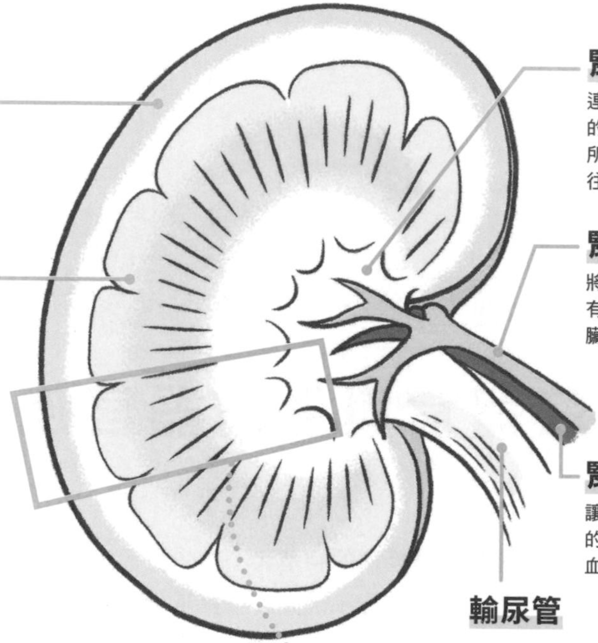

皮質

腎臟的外側部位。

髓質

位於腎臟深處，由集尿管所組成。

腎盂

連接腎臟與輸尿管的部位，集結腎臟所製造的尿液並送往輸尿管。

腎動脈

將體內老廢物質與有害物質運送至腎臟的血管。

腎靜脈

讓未經腎臟過濾的血液送回來的血管。

輸尿管

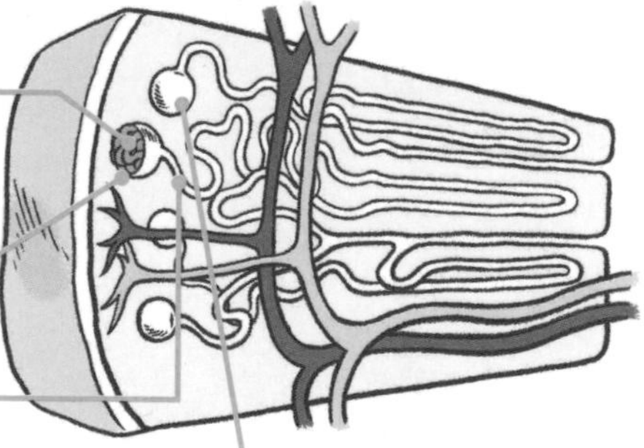

腎元

指腎小體及延伸至該處的1根腎小管，為腎臟發揮功能的基本單位。

腎絲球

由帶小孔的微血管打造而成的團塊。位於鮑氏囊內。

鮑氏囊

包覆腎絲球的囊袋。

腎小管

腎小體

由腎絲球與鮑氏囊所構成的球體。

腎臟的作用

- **過濾血液，去除老廢物質，製造尿液。**
- **調整體內的含水量、電解質濃度與血壓。**
- **活化維生素D。**

急性腎衰竭

症狀

- **疲憊無力**　・**食慾不振**
- **嘔吐**　・**意識不清**
- **排不出尿**

原因

所謂的腎衰竭是指**腎臟功能衰退的狀態。急性腎衰竭則是腎臟功能急遽惡化而排不出尿的狀態。太晚發現多會危及性命**。如果罹患結石症，結石會阻塞尿道，導致尿液無法從腎臟送出而對腎臟造成沉重負擔，從而引發急性腎衰竭。此外，誤食或攝取葡萄所造成的中毒有時也會引發急性腎衰竭而猝死。

除此之外，也有可能因為止痛劑等藥物的副作用而陷入急性腎衰竭。遵循獸醫的指示來服藥至關重要。

治療

查明原因，必要時可在消除病因的同時，透過點滴來促進尿液的產生，力圖恢復腎臟的功能。如果未見改善，可施打點滴以持續注入微量的利尿劑。血液透析在有些情況下是有效的，但並非所有動物醫院都提供這種治療。

如果能盡快治療，是有可能得救的，只要腎功能完全恢復，便能如常生活。

慢性腎衰竭

症狀

- **初期無症狀**　・**多飲**
- **大量排出稀釋的尿液**
- **嘔吐**　・**腹瀉**
- **飲食不均，後來陷入食慾不振**
- **體重下降**　・**痙攣**

原因

容易隨著年齡增長而發病，**會在無自覺症狀的情況下持續惡化，因此大多無法查明病因**。據說出現症狀時，腎功能通常已經衰退約75%。原因包括脫水、免疫異常、劣質的飲食、中毒、病毒或細菌感染、尿路結石等所引起的尿道阻塞、腫瘤，以及遺傳性或先天性等疾病。

治療

綜合疾病的類型或症狀，搭配飲食療法、血管擴張劑、吸附劑、降血壓劑、點滴治療、造血劑等來進行治療。已經喪失的腎功能無法恢復，所以只能力求**保留剩餘的腎功能並抑制病情惡化**。此外，還要兼顧緩和症狀的照護。

超過七歲後，應接受定期的健康檢查。此外，尿路結石等狀況在出生六個月左右便可檢測出來，因此至少要**定期接受尿液檢查**。

腎臟異常

在此介紹一些除了腎衰竭以外較具代表性的腎臟異常疾病。

● 特發性腎出血

症狀

- **持續性血尿**
- **排尿時顯露出痛苦的模樣**

原因

原因不明的腎臟出血即稱作特發性腎出血。腎臟出血有可能是因為尿路結石、腎絲球腎炎、腎盂癌等各種疾病所致，但是當檢查結果顯示這些疾病都不是病因時，就會診斷為特發性腎出血。

治療

進行超音波檢查、CT檢查與MRI檢查等以確定是否有致病的疾病。若未發現致病的疾病，大多會轉為追蹤檢查，但如果貧血過於嚴重，則須進行外科手術。一旦判定出血的血管，便將其結紮。倘若無法掌握出血原因，則進行腎臟摘除手術。

● 腎水腫

症狀

- **有些情況下並無症狀**
- **血尿**
- **腹部與腰部疼痛**
- **食慾不振**
- **發燒**

原因

這是輸尿管因某些原因而阻塞，**尿液無法順利流通，導致腎盂乃至輸尿管擴張的一種疾病**。如果只發生於單側，有時並無症狀。

如果發生於兩側，或是發生繼發性細菌感染，就會出現尿毒症、嘔吐、多飲多尿、脫水、體重下降等症狀。

輸尿管阻塞的可能原因包括腎臟或輸尿管的先天性畸形、尿路結石、傳染病、血塊、外傷、神經損傷、輸尿管術後併發症等。

通常發生於單側，但如果是輸尿管下方的前列腺、膀胱或尿道的疾病所引起，則可能發生於雙側。

治療

治療方針取決於致病的疾病或腎衰竭的有無。首先，透過X光檢查或超音波檢查，查出擴張的腎盂來進行診斷。接著再透過排泄性尿路造影檢查來診察腎臟功能。

有時會為了消除尿路阻塞而進行結石或腫瘤的摘除手術。在單側有嚴重腫瘤或感染、腎臟巨大化而壓迫到其他器官等情況下，則須摘除腎臟。

● 腎囊腫

症狀

- **大多無症狀**
- **食慾不振、嘔吐**
- **囊腫變大會導致腰部或腹部出現疼痛，因而展露出在意的模樣**

原因

所謂的腎囊腫，顧名思義就是在腎臟裡形成的囊腫（袋）。囊腫裡面積存著液體，大多數是無害的，但**如果日益擴大則會壓迫到尿道，因而導致腎功能衰退**。此外，一旦擴大到足以壓迫消化道，還會出現食慾不振或嘔吐等症狀。

囊內的液體本來並不是膿液或腫瘤所造成，但也有可能因為手術失誤而引發細菌感染或出血。如果判定為腎囊腫，也有可能是惡性腫瘤，所以**必須針對採集的液體進行確實的檢查**。

囊腫形成的原因尚未釐清，但頻繁發生的類型應該是屬於遺傳性。會發生於任何年齡，但頻率會隨著年齡增長而增加。

治療

小型囊腫沒必要治療，大型囊腫若置之不理則有可能招致腎功能障礙或腎高血壓症等，因此應定期排出積存的液體，或是進行乙醇注射治療。

透過超音波檢查、CT檢查或者MRI檢查等影像檢查很容易發現，因此最好定期接受健康檢查。

● 腎臟癌

症狀

- **元氣盡失**　・**食慾不振**
- **尿液中帶血**
- **腹部腫脹**
- **有大型腫瘤**　・**多尿**
- **多血症**

原因

這是一種**長在腎臟上的惡性腫瘤**，可能是因為年齡增長、慢性腎臟發炎的刺激、惡性腫瘤的腎轉移、原發性腎臟淋巴瘤等原因所致。

治療

進行超音波檢查、X光檢查、血液檢查、尿液檢查或CT檢查等，藉此評估腎功能，並確認腫瘤的大小、對周圍組織的浸潤程度、是否有惡性轉移等。

另外還需要進行穿刺組織切片檢查，確認腫瘤是淋巴瘤還是其他腫瘤。

若診斷為淋巴瘤，**應以抗癌藥等進行化學治療**。如果是淋巴瘤以外的腫瘤，則**進行摘除手術**。透過定期檢查及早發現是很重要的。

膀胱炎

症狀

・頻尿　・尿液氣味濃烈
・尿液顏色深且混濁
・排出血尿、排尿結束時尿中帶血
・擺出排尿姿勢卻排不出尿
・排尿時發出嗚咽聲

原因

這是一種膀胱出現發炎症狀的疾病，大多由細菌感染所引起。特徵在於尿道長度比雄犬短的**雌犬較容易罹患此病**。

此外，有些情況下還隱含著其他疾病，比如糖尿病、庫欣氏症候群、前列腺炎、膀胱結石、脊髓疾病等。

治療

進行尿液檢查、超音波檢查、X光檢查、尿液的細菌培養、敏感性試驗等，若懷疑患有其他疾病，則進一步追加血液檢查、CT與MRI檢查等。

如果是細菌感染所致，應先透過敏感性試驗測出適當的抗生素，再讓狗狗服用二至三週。即便服藥後症狀已痊癒，仍可能殘留少量細菌，因此應再次進行尿液檢查並遵從獸醫的指示。

反覆復發有提高膀胱癌發病率的風險。如果患有其他疾病，則應同時加以治療。

膀胱癌

症狀

・血尿　・頻尿　・尿量少
・尿液顏色深
・擺出排尿姿勢卻排不出尿
・尿液氣味濃烈

原因

膀胱是積存尿液的袋狀器官。囊袋內側有層名為移形上皮的黏膜，**膀胱癌即這層黏膜上長出惡性腫瘤**。原因尚未釐清。

治療

症狀與膀胱炎、膀胱結石等其他膀胱疾病並無不同，因此有時會太晚發現。進行超音波檢查時，如果發現膀胱內有息肉、膀胱黏膜變形或增厚，則應懷疑是膀胱炎。透過尿液細胞學檢查、BRAF基因檢測或膀胱鏡檢查等來進行診斷。

診斷出膀胱癌時，多半已經擴散至整個膀胱，因此用以根治的外科治療已無太大意義，有時只會在排尿困難的情況下才動手術。通常是**透過持續口服具抗腫瘤效果的非類固醇型消炎止痛劑來抑制惡化**。

尿道阻塞・輸尿管阻塞

症狀

- **元氣盡失、食慾不振**
- **嘔吐**
- **頻尿**
- **排不出尿**
- **排尿時會發出呻吟聲**

原因

這是因為結石、尿道栓子、血塊、腫瘤、炎症等而**導致尿道（尿液的通道）阻塞的一種疾病**。

雄犬比雌犬更常罹患這種疾病，在飲水量減少的寒冷時節更容易發生。無法排泄尿液會危及性命，因此必須採取**緊急的應對之策**。如果一整天都排不出尿，或只排出少許尿液，應立即送至動物醫院就診。

治療

先進行觸診、超音波檢查、X光檢查、血液檢查、尿液檢查及其他檢查，再將導尿管放入輸尿管或尿道中以**解除阻塞**、**進行栓塞物摘除手術或尿路改道手術**。如果是結石所致，還應結合飲食療法。

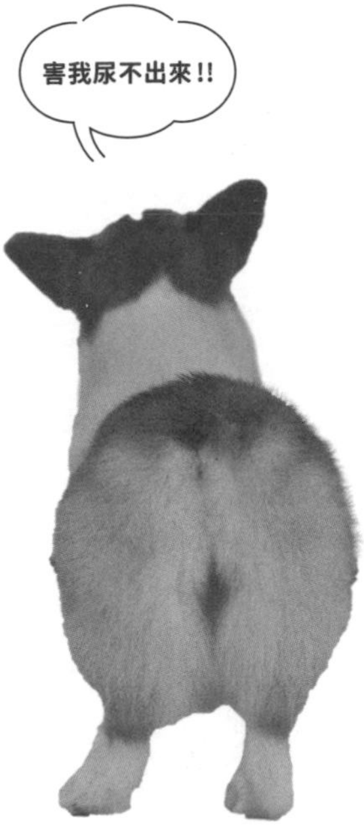

尿道損傷

症狀

- **元氣盡失**
- **食慾不振**
- **顯露出極其疼痛的模樣**

原因

因為交通事故或跌落意外等所造成的腹部重擊、含骨盆在內的骨折等，**導致尿道受損**。

治療

可能會引發腎臟破裂、輸尿管斷裂、膀胱破裂、尿道斷裂等，因此須觀察排尿狀態有無異常或有無出現尿毒症等。受傷部位則透過尿道造影來確認。**根據狗狗的狀態，採取置入導尿管等外科手術**。

異位輸尿管

症狀

・間歇性或持續性地尿失禁
・陰部總是髒兮兮　・漏尿

原因

單側或雙側的**輸尿管**（從左右腎臟連接至膀胱的管道）**連接至非膀胱的部位，是一種先天性疾病**。多半是連接至尿道或陰道，以**年幼雌犬的發病案例居多**。

有些是輸尿管完全繞過膀胱，有些是在膀胱壁上形成隧道且開口越過膀胱三角區等。如果年紀尚幼卻會漏尿，大多是隱含這樣的疾病。

治療

透過注射至靜脈內的造影劑進行X光檢查來診斷，再**進行外科手術讓輸尿管的開口朝向正常位置**。

病情嚴重的話，則須摘除不健全的輸尿管與腎臟。倘若手術後仍持續尿失禁，則應採取藥物療法。

可能會引發陰道炎或尿道感染，所以應該從平常就**檢視狗狗的排尿狀態，多留心以求早期發現並早期治療**。

臍尿管憩室

症狀

・發燒
・顯露出下腹疼痛的模樣
・反覆膀胱發炎

原因

臍尿管是指連接胎兒的臍帶與膀胱的管道。胎兒還在母犬腹中時，便是透過臍　從臍尿管通往肚臍，將老廢物質送至母犬一側，再由母犬排出體外。

照理說，臍尿管會自然而然地閉合並逐漸退化，但若該部位並未消失而殘留下來，即為「臍尿管殘餘」。根據臍尿管的殘留方式又分為四種類型，**「臍尿管憩室」即以與膀胱相連的形式，呈凹陷狀殘留下來**。排尿後會有尿液殘留於這個凹陷中，因此細菌容易滋生而造成膀胱炎等。

治療

如果凹陷小且無症狀，將轉為追蹤檢查，但如果反覆引發膀胱炎或持續發燒，則須**透過外科手術切除憩室**。

手術前應先透過ＣＴ或ＭＲＩ檢查等確認是否已轉為膀胱癌。

生殖器官的構造

雄犬

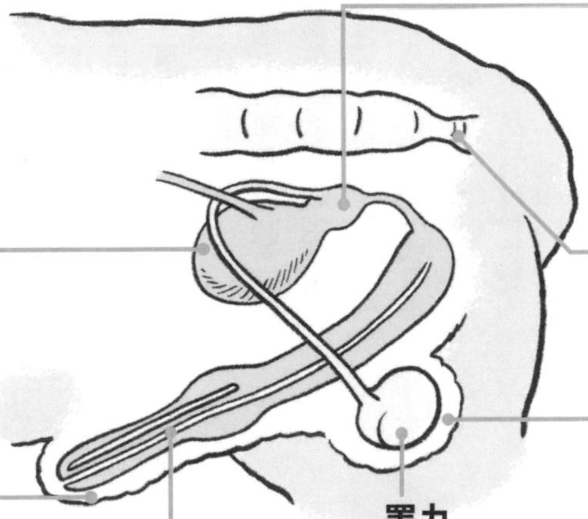

前列腺
製造精液中所含的前列腺液。前列腺液有保護精子的作用。
膀胱
肛門
陰囊
位於陰莖內部的骨頭。
包皮
睪丸
製造精子的器官，會分泌男性荷爾蒙睪酮。
尿道

雌犬

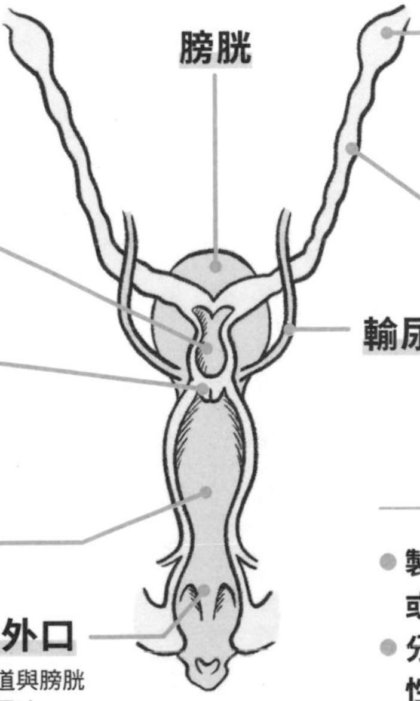

膀胱
卵巢
會週期性排出卵子並分泌女性荷爾蒙。
子宮體
在狗狗身上幾乎不會發揮作用。
子宮角
連接至卵巢的管道，為胎兒發育的地方。
輸尿管
子宮頸管
子宮的入口。遇發情期則鬆弛。
陰道
從外陰部連接至子宮入口的空間，尿道外口也位於陰道內。
尿道外口
連接尿道與膀胱以排泄尿液。

生殖器官的作用

- 製造用以繁殖的精子或卵子。
- 分泌男性荷爾蒙或女性荷爾蒙。
- 孕育胎兒。

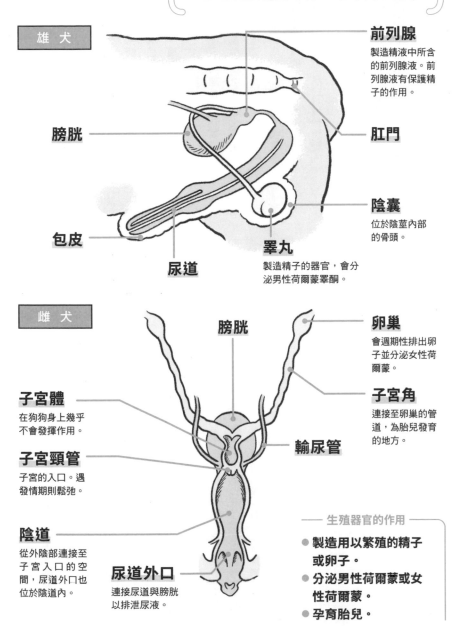

睪丸腫瘤

症狀

・左右睪丸的大小不一
・後腿內側根部有巨大腫塊
・掉毛　・皮膚色素沉澱
・乳頭變大　・貧血

原因

這是一種睪丸內部長出腫瘤的疾病，常見於**中高齡未結紮的雄犬身上**。大多為惡性程度高的支持細胞瘤，另外還有間質細胞瘤或精原細胞瘤。如果罹患睪丸留在腹腔內的隱睪症，不僅變成腫瘤的機率變高，也會因為位於腹腔內而較晚發現。

支持細胞瘤會轉移至淋巴結，有時還會擴散至肝臟、肺臟或腎臟，不過**變成腫瘤的睪丸會不斷分泌女性荷爾蒙**，從而引起乳頭變大、正常的睪丸或陰莖萎縮等女性化現象。此外，還有可能引發再生不良性貧血而危及性命。

治療

進行觸診、血液檢查、超音波檢查、X光檢查與病理組織檢查等檢查來診斷。只要能於**早期進行睪丸腫瘤摘除手術，大多情況下並不會危及性命**，但若陷入嚴重的再生不良性貧血，即便進行腫瘤摘除手術多半也無濟於事。

可透過切除隱睪丸或結紮手術來預防，請盡早向獸醫諮詢。

卵巢腫瘤

症狀

・性週期不規律
・持續發情
・掉毛、毛質變差
・食慾不振、嘔吐　・腹部腫脹

原因

這是一種卵巢內部長出腫瘤的疾病，詳細病因尚無定論，但是**好發於無生產經驗或是未絕育的中高齡雌犬**。偶爾也會出現在二至三歲的幼犬身上。如果是惡性的，也有可能轉移至腹腔內的淋巴結、肝臟、腎臟、肺臟、腹膜等處。

治療

除了血液檢查、X光檢查與超音波檢查外，還須進行ＣＴ檢查。除非是已經轉移，否則術前診斷並不容易，因此**一般會先進行卵巢子宮摘除手術，再透過摘除腫瘤的病理檢查加以診斷**。

如果診斷為惡性腫瘤，應定期接受超音波檢查等，因為仍有可能發現轉移。

可以透過絕育手術來預防，請向獸醫諮詢。

前列腺癌

症狀

- **元氣盡失、食慾不振**
- **血便、血尿**　・**發燒**
- **尿液顏色混濁**　・**排便困難**
- **多次擺出排泄姿勢卻排不出尿**
- **後腿跛行**
- **骨頭疼痛**

原因

這是一種**前列腺上長出惡性腫瘤的疾病**。尚未釐清病因，不過好發於**出生後四到五個月且已接受結紮手術的狗**狗。也會發生在未接受結紮手術的狗狗身上，不過年幼且已結紮的狗狗發病率較高。

前列腺癌的發病率極低，但是發病後的轉移率極高，會轉移至腰下淋巴結，進而浸潤骨盆與腰椎，產生劇烈疼痛。

治療

進行觸診、直腸檢查、尿液檢查、血液檢查、X光檢查與超音波檢查等。已經嘗試透過外科手術切除前列腺及放射線治療等，但**實際情況是，目前尚無確切的治療方式**。大多都是在病情嚴重惡化後才發現，很難痊癒。有時會使用非類固醇型消炎藥，以求延緩病程而非對因治療。

乳腺腫瘍

症狀

- **胸部、腋下、下腹部乃至大腿內側的乳腺組織上，形成單個或多個幾公釐至幾公分的腫塊**
- **皮膚破裂，引發出血或壞死**

原因

原因尚未釐清，不過據說與女性荷爾蒙等性荷爾蒙或遺傳性體質有關。大多是**發生在未接受絕育手術的中高齡雌犬身上**。良性與惡性的比例約為50%。如果是惡性的，置之不理可能會轉移至淋巴結或肺部而致死。

治療

進行觸診、X光檢查、超音波檢查，並利用顯微鏡觀察以針刺入腫瘤或淋巴結所採集到的細胞來做病理組織檢查等。

如果沒有轉移至內臟，透過外科手術切除最為合適。切除的範圍則根據腫瘤的大小、範圍、形狀、年齡、良性或惡性等因素來做綜合性的判斷。

倘若尚未絕育，建議同時進行絕育手術，以預防未來罹患生殖器官疾病。重要的是**定期觸摸愛犬的身體以及早發現異常**。

好發於柯基犬的疾病

尿路結石

症狀

- 元氣盡失
- 頻尿
- 血尿
- 食慾不振
- 脫水
- 嘔吐
- 尿液混濁
- 擺出排尿姿勢卻排不出尿
- 排尿時疼痛似地發出呻吟
- 每次只能排出少許尿液
- 在下腹部摸到硬物

原因

這是一種結石堆積於由腎臟、尿道、輸尿管與膀胱等形成的這條尿液通道上的疾病。

結石可依成分區分為幾種類型，其中磷酸銨鎂結石與草酸鈣結石是最常見的尿路結石。

一旦尿道遭到葡萄球菌等細菌感染，便很容易形成磷酸銨鎂結石。**好發於尿道短而細菌容易從外部入侵的雌犬身上**。當尿液中的鎂或鈣等礦物質含量變多，便容易形成以其為成分的結石。

如果因為肥胖而運動量不足，或在寒冷時節飲水量減少，導致尿液變濃，會更容易形成結石。另外還有難以消化的飲食、壓力、肝功能衰退、遺傳性的代謝異常等各種可能的病因。

有時還會引發膀胱受到結石的刺激而受損發疼、尿道上有結石阻塞導致無法排尿而於短時間內陷入急性腎衰竭，或是膀胱破裂等性命攸關的事態。

治療

進行尿液檢查、細菌檢查、X光檢查、超音波檢查、血液檢查、結石分類檢查等，查清有無細菌感染、有無結石、結石的成分與腎臟的損傷情況等。

因應各種症狀，治療方式也不盡相同，如果是無法溶解的大型結石或因結石而引發尿路阻塞，則須**透過外科手術摘除結石**。此外，為了緩解症狀，還會採取讓狗狗服用消炎止痛劑等的內科治療，或是有助於溶解結石的飲食療法等。

不僅如此，透過持續提供預防結石的治療性食品、定期的尿液檢查、控制尿道的細菌感染等來加以預防也很重要。

容易發生尿路結石的地方

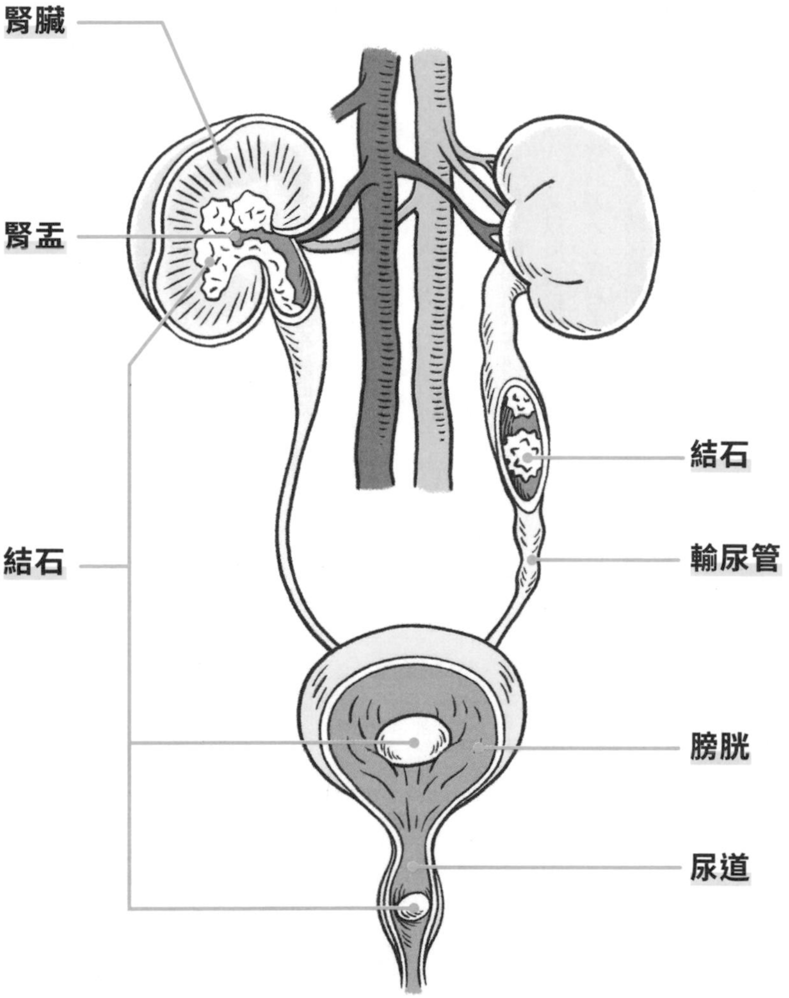

狗狗的尿路結石有90%以上位於膀胱與尿道，其餘的則出現在腎盂與輸尿管。其中輸尿管結石與尿道結石應該是分別於腎盂與膀胱形成的結石流入所致。結石是由磷酸銨鎂（struvite）、草酸鈣、尿酸銨等各種礦物質成分結晶而成。

好發於柯基犬的疾病

細菌性膀胱炎

症狀

- 元氣盡失
- 頻尿
- 血尿
- 食慾不振
- 排尿時發出嗚咽聲
- 尿液顏色深且混濁
- 舔舐陰部
- 單次的尿量少
- 有殘尿感，會頻繁擺出排尿姿勢，但是尿量少

原因

尿液是經由尿道從尿道外口排出體外，而膀胱則是透過該尿道與外界相接。細菌性膀胱炎便是源自糞便或下泌尿道的大腸桿菌、葡萄球菌等**細菌附著於雄犬的包皮或雌犬的外陰部，並經由尿道往上入侵膀胱引起炎症的一種疾病**。

相較於尿道細而長的雄犬，尿道粗而短的**雌犬往往更容易罹患此病**。糖尿病發作、憋尿，或因神經損傷、結石或腫瘤等而阻礙排尿，都會導致細菌滋生。

治療

需進行尿液檢查、超音波檢查、X光檢查、尿液的細菌培養與敏感性試驗等。

又以尿液檢查尤為重要，有幾種採集尿液的方式。應避免收集狗狗排尿時最初排出的尿液。將採集到的尿液交給獸醫時，告知**「何時、在什麼樣的狀況下採集尿液」**也至關重要。

此外，在無法採集尿液或尿液積存量少的情況下，會採用將細管從尿道放入膀胱中採集尿液的導管法。透過超音波檢查映照出膀胱，同時從腹部上方插入針頭，從膀胱採集尿液，此法在準確進行尿液細菌培養或是無法透過排尿採集尿液的情況下頗為有效。

根據敏感性試驗的結果，使用能有效對抗致病菌的抗生素或抗菌劑。如果沒有併發症，則先服用藥物二至三週左右，再次進行尿液檢查，情況允許的話，應透過尿液培養檢查確認是否已痊癒。為了預防復發或慢性化，應遵從獸醫的指示確實治療，切勿因為症狀好轉就自行判斷而停藥或不再去醫院就診。

避免長時間憋尿，並打造可充分且自由攝取潔淨飲用水的環境，即可達到預防之效。此外，急性較容易掌握症狀，慢性則可能不會出現明確的症狀，因此別忘了定期接受健康檢查。

好發於柯基犬的疾病

前列腺炎

症狀

- 元氣盡失、食慾不振
- 發燒
- 劇烈疼痛
- 血尿、混濁的尿液
- 嘔吐、脫水

原因

前列腺為雄犬的副性腺，位於膀胱的正下方。因為**從尿道入侵的細菌而引發炎症**。此外，當前列腺增生而從該處發生細菌感染，也會引起發炎。

未結紮的雄犬或罹患前列腺癌的狗狗較容易罹患此病。

治療

進行觸診、血液檢查、直腸檢查、X光檢查、超音波檢查、尿液檢查、細菌培養、敏感性試驗等檢查。根據尿液、前列腺液的細菌培養或敏感性試驗的結果，**施打適當的抗生素**。另外還應根據症狀或狀態**使用止血劑、輸液療法、消炎藥等**。有些情況下則必須住院。待感染治癒而病情穩定後，再進一步進行結紮手術。

前列腺肥大症

症狀

- 初期無症狀
- 血尿、血便
- 無法排尿或排便
- 便祕
- 黏液便

原因

到了六歲還未結紮的雄犬有時會因為前列腺自然而然地肥大而增生，隨之形成囊腫。雖為良性肥大，偶爾還是會成為腫瘤（惡性）。當男性荷爾蒙雄激素與女性荷爾蒙雌激素的比例失衡，便很容易發病。**九歲以上未結紮的雄犬大多患有前列腺肥大症**。

治療

進行觸診、直腸檢查、血液檢查、X光檢查、尿液檢查與超音波檢查等。**透過結紮手術來抑制男性荷爾蒙的分泌，即可治癒前列腺肥大，只需數月便會恢復至原來的大小**。

如果因高齡而無法進行結紮手術，則採用內科治療，但這只能緩解症狀，停藥後還是會復發。

好發於柯基犬的疾病

子宮蓄膿症

症狀

- 食慾不振
- 元氣盡失
- 嘔吐
- 多飲多尿
- 腹部腫脹
- 腹部下垂
- 外陰部腫大
- 外陰部流膿
- 在意而舔舐外陰部
- 發情出血持續很長一段時間

原因

這是子宮內膜變厚、引發細菌感染，導致膿液積蓄於子宮內的一種疾病。**大多出現在無生產經驗或是長期停止繁殖的五到六歲以上的雌犬身上**。

在名為孕激素的荷爾蒙較為優勢而免疫力下降的發情休止期（發情期結束後約六十天期間）較容易發生細菌感染。目前已檢測出大腸桿菌等多種類型的細菌為致病菌。

可根據子宮頸是張開還是閉合，區分為開放式與封閉式兩種類型。如果是開放式，膿液會從外陰部排出，若為封閉式，則膿液會積蓄於子宮內。當子宮穿孔或破裂而細菌外漏至腹腔，可能會引發腹膜炎，甚至在短時間內致死。

治療

透過血液檢查、X光檢查、外陰部的視診、超音波檢查、凝血檢驗、細菌培養檢查等，檢視子宮乃至全身以確認狀態。**子宮蓄膿症是有可能致死的緊急疾病，因此一旦確診，應立即住院並盡早展開治療**。

如果狗狗的狀態能夠承受全身麻醉，應進行子宮卵巢摘除手術。手術後也有可能引發急性腎衰竭或敗血症等併發症，所以必須格外留意。

此外，當狗狗病情惡化而狀態不佳，或是因為高齡而無法承受全身麻醉與手術等情況下，則採取內科治療，投以抗生素或促進排膿的藥物等，同時透過輸液療法等，力圖改善病情。然而，如果採行內科治療，即使病情暫時有所好轉，仍有可能復發，所以要格外留意。

這是一種可能危及性命的疾病，但是可透過絕育手術來預防。據說子宮卵巢摘除手術不僅可預防子宮蓄膿症，還能降低乳腺腫瘤的發病率。倘若尚未絕育，掌握愛犬的發情期便至關重要。

第6章

循環器官疾病

所謂的循環器官，是指負責將血液送往全身的心臟與血管。本章節彙整了柯基犬也有可能罹患的心臟相關疾病。柯基犬的發病案例並不多，但最好還是事先了解清楚。

心臟的構造

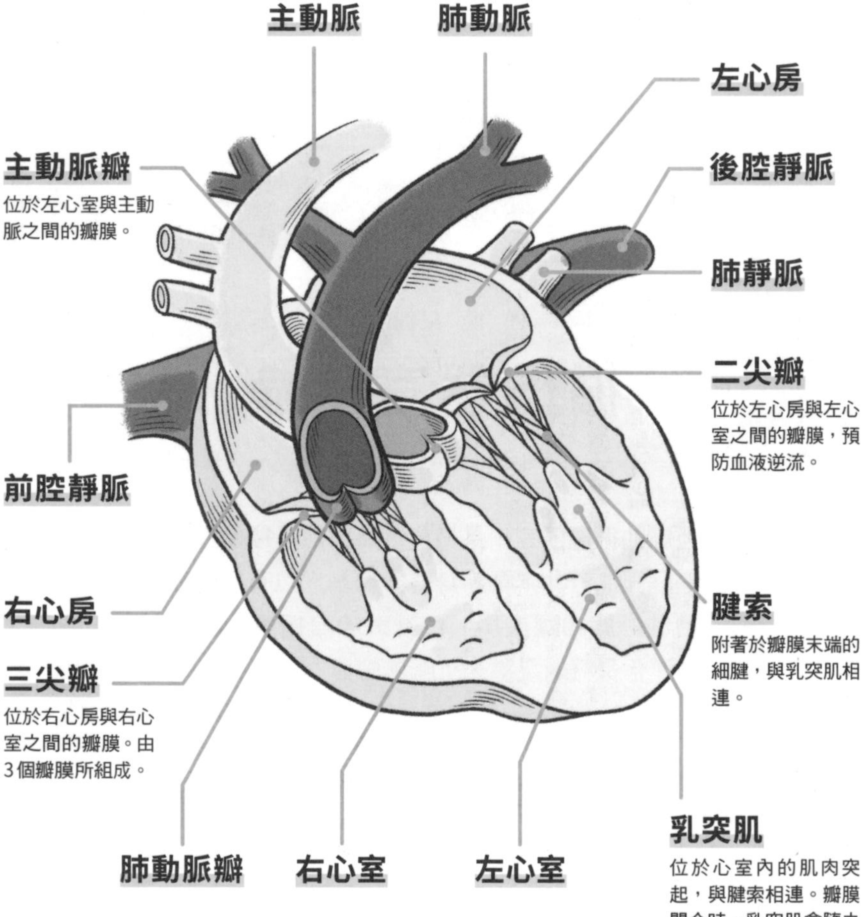

主動脈
肺動脈
左心房
主動脈瓣
位於左心室與主動脈之間的瓣膜。
後腔靜脈
肺靜脈
二尖瓣
位於左心房與左心室之間的瓣膜，預防血液逆流。
前腔靜脈
右心房
腱索
附著於瓣膜末端的細腱，與乳突肌相連。
三尖瓣
位於右心房與右心室之間的瓣膜。由3個瓣膜所組成。
乳突肌
位於心室內的肌肉突起，與腱索相連。瓣膜閉合時，乳突肌會隨之收縮而拉動腱索加以調整，讓瓣膜尖端處於相同高度。
肺動脈瓣
右心室
左心室

心臟的作用

- 藉由心臟肌肉的收縮與鬆弛達到輸送血液的泵血作用。
- 將從肺部送來的乾淨血液送往全身。
- 回收髒血並送至肺部。

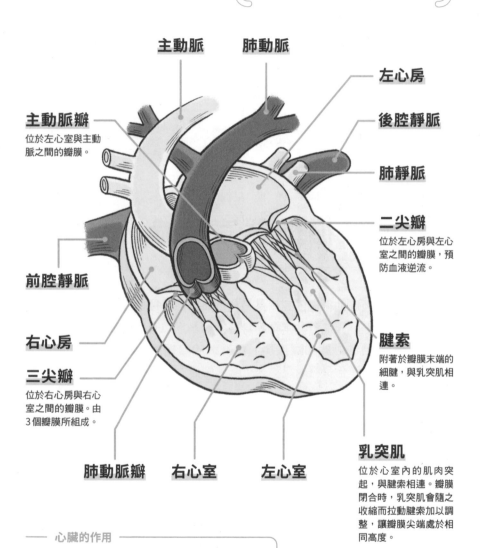

二尖瓣閉鎖不全（MR）

症狀

- **容易疲倦**
- **呼吸急促**
- **咳嗽**
- **在散步途中坐著不走**
- **消瘦**
- **昏厥**
- **肺部積水（肺水腫）**
- **腹水、胸水**

原因

位於心臟的左心房與左心室之間、**名為二尖瓣的瓣膜不再正常閉合，導致本應流往全身的血液有一部分回流至左心房**，從而降低心臟泵血的能力。

血液逆流的原因包括由細菌等所引起的感染性心內膜炎、先天性擴張性心肌病、開放性動脈導管、二尖瓣發育不良及其他原因。

此外，常見於中高齡小型犬的黏液性二尖瓣疾病也是原因之一。這種黏液性疾病的病程會延宕數年，隨著年齡增長逐漸惡化。

治療

發病初期，透過心音聽診可發現左側胸部有逆流性的心跳雜音。心跳雜音會隨著病情惡化而變強，一旦併發三尖瓣閉鎖不全（TR），連右側胸部都會開始聽到心跳雜音。若再進一步惡化，光是觸碰胸部就能感受到心臟的跳動。

單憑聽診發現心跳雜音並不能察覺肺高壓等重度併發症，也無法掌握MR的病因與正確的心臟狀態。必須綜合身體檢查、血液檢查、X光檢查、心電圖檢查、心臟超音波檢查等來進行診斷。開始治療後仍須定期進行心臟超音波檢查等。

治療多以內科治療為主，主要是使用強心劑，再根據狗狗的狀態合併使用降血壓劑或利尿劑等，以求抑制病程。

近年來也可以透過外科手術來治療，但是能因應的醫療設施還不多。此外，施術對象為高齡犬，手術是否可行、是否會併發其他疾病等，必須於術前詳細檢查，再診斷是否適合動手術。

這是高難度的手術，且手術後仍須定期健檢，所以費用將會很可觀。考慮到這些情況，飼主應與獸醫好好討論並做好心理準備是很重要的。

心臟病最關鍵的是早期發現。先天性心臟疾病大多在幼犬階段就能察覺。接狗狗回家後，務必立即接受健康檢查。此外，哪怕只是聽診也好，接受定期健檢至關重要。

三尖瓣閉鎖不全（TR）

症狀

・容易疲倦、失去活力
・食慾不振、腹瀉　・昏厥
・腹水、胸水　・頸靜脈跳動

原因

這是一種位於心臟右心房與右心室之間的**三尖瓣無法正常閉合的疾病**。

可能是因為三尖瓣本身發生黏液性疾病或心內膜炎而發病，若與先天性心臟疾病有關，則可能是擴張性心肌病或犬心絲蟲纏繞在三尖瓣上等原因所致。

然而，大部分的ＴＲ是**因為二尖瓣閉鎖不全持續惡化，對三尖瓣也造成負擔而無法正常發揮功能**。

罹患黏液性二尖瓣疾病的狗狗大多也會併發三尖瓣的黏液性疾病。如果觀察到腹水或胸水，則可能潛藏著肺高壓，也是ＴＲ的致病原因之一。

治療

診斷與治療請參照二尖瓣閉鎖不全（89頁）的內容。

肺高壓

症狀

・容易疲倦　・咳嗽
・食慾不振、元氣盡失　・腹水
・呼吸聲異常　・昏厥

原因

所謂的肺高壓，是指肺部的小動脈不斷發生血管內皮細胞增生與纖維化，**導致肺動脈壓持續上升的狀態**。可能是肺血流量增加、肺血管阻力增加或肺靜脈壓增加等伴隨而來的高血壓所致。

初期並無症狀，但**若病情嚴重惡化，也有可能呼吸困難或昏厥**。生活品質會顯著下降，甚至影響到壽命。

治療

要做出正確的診斷，必須進行心導管檢查，但是需要全身麻醉，所以會透過心臟超音波檢查來做臨床診斷。若確定有此症狀，**應以治療致病疾病為優先**。此外，還要投以肺動脈擴張劑來降低肺動脈內的血壓。

肺高壓往往是部分疾病所出現的末期症狀，如果是肺腫瘤或肺纖維症，也有可能在數週內死亡。一旦病情嚴重惡化，並無根本的治療方式，因此預後狀況不容樂觀。

罹患心臟疾病、肺臟疾病或呼吸器官疾病的狗狗應**定期接受心臟超音波檢查**，以便早期發現並及早服藥。

絲蟲病

症狀

・一興奮就昏厥
・咳嗽
・日漸消瘦
・吐血
・排出血尿
・腹部日益鼓脹

原因

犬心絲蟲（絲蟲）是一種透過蚊子傳播的寄生蟲（線蟲），會寄生在肺動脈或右心房，阻礙血液的流動。

嚴重程度會因寄生數量而異，活的絲蟲自然會造成影響，不過因為**絲蟲釋出的毒素而受損的肺動脈內膜會發生增生性病變**（內膜增生而導致血管硬化），使血流變差，最終引發肺高壓。此外，還會對右心系統造成負擔而引起併發症。

治療

若發現狗狗感染了絲蟲，可採取的措施有二，一種是**透過藥物驅除絲蟲的內科措施**，另一種則是**從右心系統（右心室、右心房與肺動脈）清除絲蟲的外科措施**。

如果是感染初期，內科措施較為安全，但若寄生蟲數量多，或是肺動脈內膜頻頻發生增生性病變，清除絲蟲會導致血管內的流動發生急劇變化，可能會對生物體造成莫大傷害。此外，因為藥物而死亡的絲蟲屍體也有可能阻塞血管，使狗狗陷入危險狀態。

血尿與咯血都是絲蟲成蟲阻塞血管、妨礙血流而引起的急性症狀。必須進行外科手術，從心臟清除絲蟲成蟲。

絲蟲病**最重要的是預防**。這是一種只被一隻蚊子叮咬就會感染的可怕疾病，但是只要**定期服用預防藥物，99%都可預防**。只要有養狗，即便狗狗只待在室內，仍務必費心預防。

不過如果在服用預防藥物時就已經有絲蟲寄生體內，狗狗可能會休克而亡。用藥前請務必到動物醫院接受抗原檢測，確定沒有抗體後再服藥。

心肌病

症狀

- 容易疲勞
- 變得不想動
- 罹患心律不整

原因

原因尚未釐清。也有可能是遺傳性因素，但尚無定論。心肌病**有四種類型，而狗狗大多屬於「擴張性心肌病」**，即因為心肌病變引發纖維化，導致左心室擴張而收縮力減弱。一旦病情持續惡化，還有可能引發肺水腫、呼吸困難、腎衰竭或心臟衰竭。

治療

由於病因不明而**尚無有效的治療方式**。據信，透過內科治療提高心臟的收縮力，或阻斷交感神經的乙型阻斷劑（β-blocker）是有效的。假如引發肺水腫，應投以利尿劑，若頻頻發生心律不整，則服用抗心律不整的藥物以預防猝死。

心律不整

症狀

- 容易疲勞
- 昏厥、痙攣
- 呼吸急促

原因

指原本應遵循固定節奏的**心跳變得不規律**。可分為搏動變慢的徐脈與搏動加快的頻脈兩種，會隨著呼吸而加快或減慢的狀態則稱為呼吸性心律不整。即便患有心律不整，也未必都需要治療。如果出現容易疲勞或呼吸紊亂等症狀，可能會發生對心臟功能造成影響的異常，因此必須治療。

此外，相較於單純心律不整的案例，因為心肌病或二尖瓣閉鎖不全等心臟疾病、內分泌疾病、貧血、代謝性疾病、自律神經系統的疾病、中毒症狀等而發病的情況更為常見。

治療

如果需要治療，應**採取內科治療，投以抗心律不整的藥物等**。如果是因為其他疾病而引起心律不整，則應同時治療該疾病。

心臟畸形奇形

為天生的心臟疾病，但在柯基犬中較為罕見。包括「開放性動脈導管（PDA）」、「肺動脈狹窄」、「主動脈瓣狹窄」、「心室中隔缺損」與「法洛氏四重症」等類型。

第7章

血液與內分泌疾病

本章節彙整了與血液、荷爾蒙、免疫力相關的疾病。大多都是一旦發病就很難根治的疾病，有些只能透過治療與藥物控制並長期與之共存。

在狗狗體內產生的荷爾蒙一覽表

上部（腦內）的內分泌器官	下視丘及腦下垂體	生長激素	促進發育。
		甲狀腺激素	促進甲狀腺的發育與甲狀腺激素的分泌。
		促性腺激素	控制性腺的作用。
		促腎上腺皮質激素	促進腎上腺皮質的發育與腎上腺皮質激素的分泌。
		抗利尿激素	減少尿量。
		催產素	俗稱愛情激素。促進母乳的分泌。
下部（末梢）的內分泌器官	甲狀腺	甲狀腺素	促進代謝。
		三碘甲狀腺素	促進代謝。
	副甲狀腺	副甲狀腺素	增加血液中的鈣含量。
	胰臟蘭氏小島	胰島素	降低血糖值。
		升糖素	提升血糖值。
	腎上腺	腎上腺素	提升血糖值。
		礦物皮質素	參與調節體液中鈉與鉀的濃度。
		糖皮質素	參與醣類的儲存與釋放、消炎與抗過敏的作用。
	睪丸	雄激素	男性荷爾蒙。
	卵巢	雌激素	女性荷爾蒙。
		孕激素	黃體激素。調節子宮內膜。

免疫性溶血性貧血（IMHA）

症狀

- **元氣盡失**
- **食慾減退**
- **步伐搖晃不穩**
- **呼吸急促**
- **皮膚或黏膜變得蒼白或偏黃**
- **排出血尿**

原因

這是因為發生某些免疫異常而產生對抗自身紅血球的抗體，從而出現**自行破壞血液內紅血球之舉的一種疾病**。如果是涉及針對自體抗原（指自身的細胞與蛋白質）的抗體，稱作原發性IMHA；若是涉及針對藥劑或傳染病等自體抗原以外抗原的抗體，則稱作繼發性IMHA。

狗狗的案例以原發性IMHA居多，**中年雌犬的發病率較高**。據說雌犬的發病率為雄犬的三到四倍。嚴重的急性IMHA死亡率極高，必須在ICU接受治療。

治療

先**接受血液檢查，確認貧血的程度**。接著進行血液抹片檢查、攝影圖像檢查等，以此對照IMHA診斷標準。

在急性期間會使用有免疫抑制作用的類固醇藥劑來抑制對紅血球的破壞。然而，如果治療效果不彰或是症狀嚴重，則應進行氧氣吸入治療，並同時使用比較昂貴的人類免疫球蛋白製劑。此外，有時還要合併使用其他免疫抑制劑。

倘若貧血惡化過快而發現凝血功能異常，則輸血是不可避免的。

即便症狀有所緩解，仍應**持續治療約六個月**，逐步減少類固醇藥劑等免疫抑制劑的用量。

停止服藥後，仍應每隔二到四週接受定期的血液檢查，一旦**觀察到輕微的復發跡象，便應再度展開治療**。

IMHA的案例中，有些在發病後不久即死亡，有些則須長時間治療。復發頻率也不低，必須耐心地治療。

免疫性血小板減少症（IMT）

症狀

- **黏膜或皮膚等出現出血斑（紫斑）**
- **鼻血** ・**血尿**
- **血便** ・**前房出血** ・**吐血**

原因

體內產生會對抗自身血小板的抗體，從而發動攻擊並破壞，導致**血小板數量減少並引發血小板功能衰退**。血小板肩負著止血功能，所以一旦遭到破壞就會**難以止血**。有兩種類型，即原因尚無定論的原發性IMT，以及由疾病或藥物引起的繼發性IMT。狗狗大多為原發性IMT。

治療

診斷時應先排除引發血小板減少症的其他疾病。

治療則是投以腎上腺皮質激素等**免疫抑制劑三至六個月**，逐步抑制血小板的破壞。病情一旦惡化，可能需要輸血。

內科治療不見成效時，有時須進行**脾臟摘除手術**。

再生不良性貧血

症狀

- **容易疲倦** ・**發燒**
- **出血或出血斑**

原因

這是因為造血幹細胞受損導致**骨髓及血液中的紅血球系統、白血球系統與血小板細胞減少的一種疾病**。又稱作泛血球減少症。一般認為原發性貧血與免疫力有關。

繼發性的致病原因包括藥劑、放射線、傳染病與荷爾蒙，在狗狗身上較為常見的是女性荷爾蒙雌激素所造成的中毒，其中**大部分是睪丸腫瘤（支持細胞瘤）發病所致**。正常的睪丸會分泌男性荷爾蒙，變成腫瘤後則會開始大量且持續地分泌雌激素。大量的雌激素對骨髓有強烈的抑制作用，導致狗狗陷入再生不良性貧血。

犬小病毒也有可能是致病原因。

治療

很難判定病因，因此**許多案例都是採取對症療法**。有時還會進行輸血。如果是原發性貧血，會透過雄激素療法、免疫抑制療法、細胞激素療法等，循序漸進地治療。

如果是雌激素中毒引發的再生不良性貧血，則針對致病的疾病（主要是睪丸腫瘤）進行治療。有時還會再加上細胞激素療法。無論是何種情況，預後狀況都不容樂觀。

多血症

症狀

- **引發鼻血、血便等出血**
- **多飲多尿**
- **元氣盡失　・昏厥**

原因

多血症是一種**血液成分的比例高於正常值的疾病**，又分為真性多血症與繼發性多血症。真性多血症為遺傳疾病，有兩種情況，一種是紅血球、白血球、血小板與血漿等所有成分皆升高，另一種是只有紅血球增加。

繼發性多血症則是只有紅血球增加。有時是腹瀉或嘔吐等導致體內水分減少而紅血球的比例相對變高，有時是因為造血功能障礙造成紅血球增加，有些案例則是心臟、肺臟與腎臟等部位的其他疾病所引起的繼發性增加。在繼發性的案例中，有時是低血氧症或荷爾蒙異常促使紅血球增生。

初期大多無症狀，等到紅血球顯著增加後才會開始出現症狀。一旦紅血球過度增加，血液就會無法送達細部的血管，從而昏厥或筋疲力盡。有時還會引起嘔吐、腹瀉，或是誘發眼睛疾病。**狗狗則以腎臟癌所引發的多血症較為常見**。

如果觀察到多血的傾向，即便診斷是其他因素引發的多血症，仍務必盡快接受X光檢查、心臟與腹部的超音波檢查，力求早期發現。

治療

先進行血液檢查以確定血液成分的濃度，接著再接受X光檢查、超音波檢查、尿液檢查、攝影圖像檢查及其他檢查。

治療方式會依紅血球增加的原因而異。首先應針對根本的致病疾病進行治療。

病情嚴重時，應採取施打點滴甚至是放血等措施來稀釋血液。

持續治療但**症狀仍無起色時，應定期放血，或根據病因進行服藥治療**。

紅血球的數值會有個體差異，因此應於一到四歲還年幼的期間進行多次血液檢查以了解愛犬的「正常數值」，如此便可更快察覺狗狗高齡後所出現的異常。

甲狀腺機能低下症

症狀

- **掉毛或皮膚色素沉澱**
- **肥胖、有氣無力、愁眉苦臉**
- **異常畏寒**
- **難以治癒的皮膚傳染病、脂漏性皮膚炎**
- **脈搏減緩、末梢神經損傷**
- **虛脫、失溫、昏睡**

原因

這是因為**缺乏促進全身代謝的甲狀腺激素而引發各種症狀的一種疾病**。自發性的甲狀腺機能低下症好發於高齡犬，大多是在根據症狀進行荷爾蒙檢查時發現的。

自發性的甲狀腺機能低下症還可區分為甲狀腺出現病變的「原發性」、腦下垂體或下視丘發生病變的「繼發性」與「再發性」，**狗狗大多屬於原發性**。原發性若再進一步分類，還可細分為原因不明的特發性甲狀腺萎縮、一般認定為自體免疫性的淋巴球性甲狀腺炎、甲狀腺腫瘤，以及罕見的先天性等類型。

除了自發性外，還有因為甲狀腺摘除手術等所造成的醫源性。

治療

進行臨床症狀的檢視、血液檢查、血液生化檢查、與甲狀腺相關的荷爾蒙檢查，並因應需求進行超音波檢查等，慎重地做出診斷。有可能因為併發其他疾病或服用中的藥物導致血液中的甲狀腺激素濃度暫時下降（甲狀腺功能正常病態綜合症／Euthyroid sick syndrome，ESS），倘若**僅憑檢查結果來判斷而誤診，可能會有性命之憂**。因此，必須綜合臨床症狀及各種檢查結果來進行診斷。

投以甲狀腺激素製劑進行治療。用藥的劑量與次數會因製劑而異，用藥過量會危及性命，所以務必遵從獸醫的指示。

開始服藥一到二週後與六到八週後，應檢測荷爾蒙濃度，並重新審視用藥劑量。

在治療期間，接受檢查的當天必須在用藥四至六小時後採集血液，因此應於前往動物醫院四小時前讓狗狗服藥。

原發性甲狀腺機能低下症大多能**透過適當的持續服藥改善症狀，並長期維持良好的狀態**。

即便因為手術等而需要全身麻醉且被要求禁食，仍務必讓狗狗按時服藥。針對患有重度甲狀腺機能低下症的狗狗進行全身麻醉，有再也醒不過來的風險。

腎上腺皮質機能亢進症

症狀

- 多飲多尿
- 多食　・腹部腫脹　・掉毛
- 皮膚愈來愈薄（劣化狀態）
- 難治型皮膚傳染病
- 肌肉萎縮
- 呼吸淺而快
- 引發神經症狀

原因

又稱為庫欣氏症候群，這種說法較為常用。

腦下垂體支配著腎上腺皮質，長在上面的腫瘤會導致**促腎上腺皮質激素（ACTH）過度分泌，並從腎上腺皮質分泌出過多的皮質醇等糖皮質素**，從而引發各種症狀（PDH）。

此外，腎上腺本身的腫瘤也有可能引發同樣的症狀（AT）。狗狗的病例中有80％屬於PDH。

不僅如此，還有一種是過度服用或長期服用類固醇藥劑所引發的醫源性庫欣氏症候群。

治療

綜合臨床症狀、血液檢查、血液生化檢查、超音波檢查、ACTH刺激試驗、小劑量或大劑量地塞米松抑制試驗、CT檢查與MRI檢查等檢查結果來進行診斷。

基本上是力圖透過內科治療逐步改善症狀。通常會讓狗狗服用藥物來阻凝會促使腎上腺過度分泌的荷爾蒙進行合成。

然而，這是一種難以完全根治的疾病。因此，有些醫院會進行放射線治療、切除腦下垂體腫瘤的外科治療，或是腎上腺腫瘤摘除手術。

無論哪一種治療，都必須定期檢查。若是採用口服藥物的一般治療，開始服藥後十到十四天內須進行血液檢查、血液生化檢查，以及ACTH刺激試驗，並重新審視用藥劑量。之後仍必須定期檢查並逐步調整藥量。此外，這是一種產生血栓就有可能猝死的疾病，所以飼主也要做好這方面的心理準備。

至於醫源性庫欣氏症候群的治療方式，應先審視原本是為了什麼疾病而服用類固醇，但不要突然停止服用類固醇藥劑，而是費些時間逐漸減量。最終停止繼續服用。

腎上腺皮質機能低下症

症狀

- 元氣盡失　・體重下降
- 食慾減退　・嘔吐
- 腹瀉　・多尿
- 寡尿（指尿量減少）
- 引起低血糖
- 徐脈（脈搏減緩）
- 痙攣

原因

又稱作艾迪森氏病。症狀與庫欣氏症候群相反，是一種**促腎上腺皮質激素的分泌減少，導致腎上腺皮質激素（糖皮質素、礦物皮質素）的分泌也隨之減少**，因而引發各種症狀的疾病。

狗狗的病例中，大多是由病程緩慢的特發性腎上腺萎縮所引起的艾迪森氏病，由於整個腎上腺會日漸萎縮，導致礦物皮質素與糖皮質素兩種荷爾蒙也逐漸耗盡，從而引發症狀。至於**特發性艾迪森氏病的發病原因則尚未釐清**。

不僅如此，當腎上腺功能降低至某種程度後，有時只是承受點壓力，就會突然陷入危及性命的嚴重休克狀態而必須緊急治療。

艾迪森氏病好發於**一到六歲的年輕雌犬**。另外還有一種是非典型的艾迪森氏病，僅缺乏糖皮質素，且主要症狀為慢性消化器官疾病與虛弱。

治療

透過血液檢查、血液生化檢查、超音波檢查與ＡＣＴＨ刺激試驗進行診斷。

使用與腎上腺皮質所分泌的**荷爾蒙具備相似性質的藥物，大部分的狗狗都能藉此進行維持生命治療**。也有不少狗狗可以活到壽終正寢。

罹患此病就必須終生服藥來控制病情，並接受定期檢查與藥物審查。

如果藥物的調整不順利，有時還要合併使用低劑量的類固醇。

尿崩症

症狀

- **多飲**
- **多尿**

原因

尿崩症是因為分泌自腦下垂體的**精胺酸血管加壓素出現分泌障礙而導致多飲、多尿的一種疾病**。有中樞（腦下垂體）性尿崩症與腎性尿崩症兩種類型。

在中樞（腦下垂體）性的病例之中，先天性尿崩症在狗狗身上極為罕見。目前已確診的多為腦下垂體腫瘤或腦下垂體的外傷所引發的後天性尿崩症。腎性尿崩症的主要原因則是各種腎臟疾病所引起的繼發性尿崩症。

治療

糖尿病、庫欣氏症候群、各種腎臟疾病（艾迪森氏病）、多血症、高鈣血症等也會出現多飲、多尿的症狀，因此須確實進行鑑別診斷。此外，**掌握狗狗每天確切的飲水量後，再進行所謂的限水試驗檢查**。中樞（腦下垂體）性的病例大多可透過將**合成抗利尿激素製劑滴入結膜囊中來加以控制並改善**。腎性是腎臟疾病所致，因此難以治療。此外，即便可以治療，通常預後狀況也很差。

卵巢囊腫

症狀

- **發情週期不規律**
- **發情出血超過一個月**
- **外陰部較大**
- **體毛粗糙且出現掉毛**

原因

卵巢疾病之一，**卵泡或黃體如腫瘤般變大**而呈袋狀，且**裡面充滿分泌物**，但不是腫瘤。可分為卵泡在未排卵的狀態下持續成長的卵泡囊腫，以及卵泡壁轉變成黃體的黃體囊腫，但在狗狗身上很難區別，便一律視為卵巢囊腫。**卵泡囊腫大多會分泌雌激素，因此會出現持續發情的跡象**。黃體囊腫則會分泌孕激素，所以有時會伴隨著子宮蓄膿症。此外，另有一種名為顆粒細胞瘤的卵巢腫瘤也會出現超過一個月的發情跡象，因此應透過超音波檢查加以鑑別。

治療

若發情出血或外陰部腫大持續一個月以上，可透過超音波檢查、陰道抹片檢查或血液荷爾蒙檢查發現卵巢囊腫。抑或於進行絕育手術或子宮蓄膿症手術而開腹時才發現。**基本上會透過外科治療摘除卵巢與子宮**。

症狀

- 動手術或身負外傷時血流不止
- 鼻子或牙齦等處的黏膜出血
- 血尿、血便
- 皮下出血

好發於柯基犬的疾病

類血友病
（溫韋伯氏疾病）

原因

血小板中含有所謂的**類血友病因子（溫韋伯氏因子），負責止血功能。類血友病便是這種類血友病因子出現異常的遺傳性疾病**。主要症狀包括**血流不止、容易出血等**。

根據類血友病因子所發生的異常，可分為以下一到三種類型。

類型一：類血友病因子的數量少或功能衰退而引發止血異常。

類型二：類血友病因子的質量有問題（混有無法發揮作用的因子）而引發止血異常。

類型三：類血友病因子有嚴重缺損而引發止血異常。

其中的**類型一與二在日常生活中大多無症狀**。也有不少是在動物醫院緊急動手術時引發異常出血才發現罹患了類血友病。

治療

類血友病是基因異常所引起的疾病，因此本身並無治療方式可以改善。在過度出血的情況下，須透過輸血等來應對。

如果是類型一與二，有時會投以一種名為去氨加壓素的荷爾蒙劑，因為會有暫時將儲存於血管中的類血友病因子釋放出來的效果。

類型三則是嚴重缺損型，所以即便服用荷爾蒙劑也不會有效果。

柯基犬是容易罹患類血友病的犬種，建議事先到動物醫院接受血液檢查為宜。

第8章

腦部與神經系統疾病

好發於柯基犬的退化性脊髓神經病變(DM)為神經疾病之一。是一種難以預防且一旦發病就無法根治的疾病，但是可以費些功夫確保愛犬的生活品質不下降。

腦部構造

大腦皮質

掌管記憶、感情、思考以及隨意運動等。

間腦

掌管體溫、體液的調節，以及嗅覺以外的感覺神經。

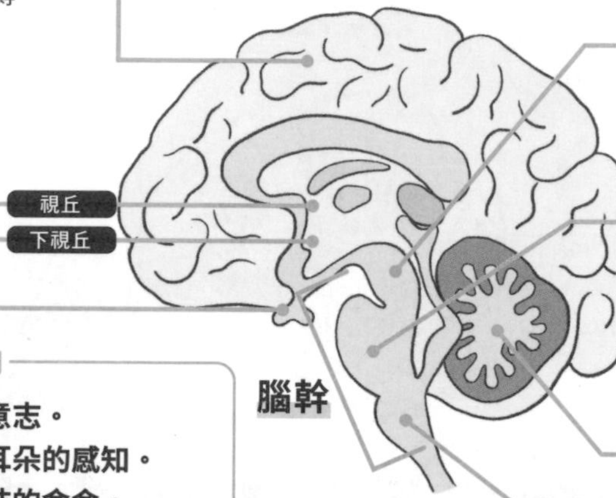

腦下垂體

中腦

掌管姿勢的維持、眼睛的運動與瞳孔的調節等。

腦橋

與延髓一起掌管呼吸與循環等反射作用，亦為左右小腦的聯絡通道。

小腦

掌管運動的調節以及平衡感覺的中樞等。

腦幹

延髓

掌管呼吸、心臟運動的調節、唾液的分泌，以及吞嚥、咳嗽等反射作用。

腦部的作用

- **決定思考與意志。**
- **傳遞眼睛與耳朵的感知。**
- **發出移動四肢的命令。**
- **控制呼吸、心臟運動等生命活動。**

前庭疾病

症狀

- **斜頸症（指頸部傾斜使頭部呈歪斜狀）**
- **眼球震顫（指眼球不由自主地擺動）**
- **跌倒**
- **運動失調（身體搖晃不穩等）**

原因

腦幹、小腦、內耳、第八對腦神經中的前庭神經等前庭系統中有部位受損所致。根據受損的部位又可區分為末梢性（內耳）與中樞性（腦幹與小腦）。**末梢性前庭疾病多會出現水平性眼球震顫**，可能是中耳炎、內耳炎、腫瘤或甲狀腺機能低下症等所引起。另有一種**好發於高齡犬且原因不明的特發性前庭疾病**。

中樞性前庭疾病則經常出現垂直性眼球震顫，是由腦膜炎、小腦梗塞或腫瘤等所引起。倘若為中樞性，大多會併發癲癇發作或視力受損等其他腦部疾病。

治療

以末梢性來說，如果是**特發性前庭疾病，兩週內即可痊癒**，除此之外，**症狀會隨著根本的致病疾病獲得改善而緩解**。倘若為中樞性，則進行對症治療，必要時再追加其他治療。

癲癇

症狀

- **跌倒而失去意識**
- **反覆痙攣且全身無力**
- **身體的部分肌肉抽搐**

原因

腦部神經細胞異常興奮所致。由腦部的腫瘤、炎症或畸形等所引起的，稱作症狀性癲癇；未發現病變的則稱為特發性癲癇。一般認為特發性癲癇為遺傳性疾病。

當發作間隔縮短、出現一天發作數次的群集性癲癇發作，或是嚴重癲癇發作時，必須採取積極的治療。

治療

治療方式會依症狀而異。透過血液檢查與心電圖等即可查明發作的原因，但仍有必要進行腦波檢查與ＭＲＩ檢查。將癲癇發作時的模樣錄下來給獸醫看也是有效的做法。

基本的治療方式是**投以抗癲癇藥物**。一旦開始服藥就必須終生服藥的案例不在少數。

如果是特發性癲癇，只要有效餵食抗癲癇藥物，是有可能控制病情並存活下來的。

腦炎

症狀

- **意識程度異常**　・**癲癇發作**
- **行為與姿勢異常**

原因

如其名所示，這是一種腦部出現發炎症狀的疾病，病因繁多。除了由細菌、真菌（隱球菌屬）、病毒（犬瘟熱）、原蟲（弓形蟲）等病原體所引起的外，也有可能是壞死性腦膜炎（巴哥犬腦炎）、壞死性白質腦炎、肉芽腫性腦膜腦脊髓炎等所致。

受損部位會因發病原因而異，不過也有許多共通的症狀，比如意識不清、癲癇發作、步態與姿勢異常等。**柯基犬也是容易罹患肉芽腫性腦膜腦脊髓炎的犬種**。

治療

治療方式會依症狀而異。診斷病原則須透過ＭＲＩ檢查來查明腦內發炎的部位。同時進行各種必要的檢查，比如採集腦脊髓液以檢查其成分、檢測有無犬瘟熱抗體等。

在查明病因後，便讓**狗狗服用效果可期的各種藥物以展開治療**。出現癲癇發作時，還要合併使用抗癲癇藥物。

與其他疾病一樣，早期發現並早期治療可讓預後狀況大不同。

水腦症

症狀

- **變得不太活動**
- **行為異常等意識障礙**
- **不完全麻痺等運動障礙**
- **頭部比同犬種還要大**

原因

腦室內積存大量腦脊髓液，導致腦室擴張而腦組織受到壓迫，從而引發各種障礙。

除了腦部發育不全或萎縮等所引起的外，因為腫瘤等壓迫血流通道或腦膜炎等炎症也有可能引發此病。

如果是先天性的病例，頭頂部名為泉門的部位骨頭會比較薄，觸碰時感覺像有一個洞。

大多情況下初期症狀並不明顯，但會漸漸出現交流障礙或步態障礙等水腦症別具特色的症狀。

治療

透過ＭＲＩ檢查確認腦室的狀態後，再進行降低腦壓的治療，以及**抑制腦脊髓液生成的內科治療**。

如果症狀仍然沒有改善，還有一種方式是分流術，即將腦室內的腦脊髓液引流至腹腔等處以降低腦壓。

腦瘤

症狀

- **步伐搖晃不穩**
- **做出盤旋動作或來回走動**
- **痙攣發作**
- **行為異常、頻繁誤食**
- **失明**

原因

長在腦部的腫瘤之總稱，可分為原發性與繼發性（會轉移等）兩種病因。原發性造成的腦瘤**通常是因為年老而發病**。

初期大多沒有症狀，但會漸漸出現腿部搖晃不穩、開始來回走動等異常。重度的症狀則包括意識不清、痙攣發作、喪失視覺或聽覺等。

治療

透過ＭＲＩ檢查進行診斷，**如果所在位置或形狀是可以摘除的，應透過外科治療切除腫瘤**。有時還要再加上放射線治療。

如果無法切除腫瘤，則採取內科方式進行對症治療。出現重度症狀時，應投以抗癲癇藥物或降腦壓藥物等。

犬隻體內的神經

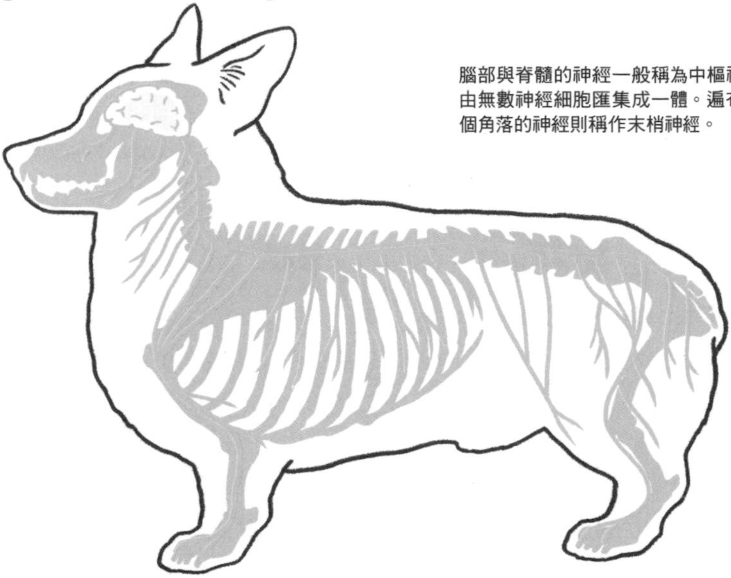

腦部與脊髓的神經一般稱為中樞神經，是由無數神經細胞匯集成一體。遍布身體每個角落的神經則稱作末梢神經。

神經系統腫瘤

症狀

・**長出腫瘤（腫包）** ・**感到劇烈疼痛**

・**步伐搖晃不穩**

原因

神經系統腫瘤中，**以末梢神經鞘瘤的發病案例較少。是由許旺細胞所形成的腫瘤**，所以又稱作許旺細胞瘤。為軟組織肉瘤中較具代表性的腫瘤。

壯年乃至高齡的狗狗較容易發病。會發生在皮膚、皮下、脊髓神經根、腦神經等處。假如發生在頸部或脊髓，則症狀與椎間盤突出症相似。

治療

為了做出確切的診斷，切片檢查與MRI檢查等有其必要。若發生在足部末梢神經等處，應以外科手術加以切除，力圖徹底根治。如果發生在脊髓等處，有時很難完全切除。內科治療的效果不彰，所以即便難以痊癒，還是會採取外科治療以便減輕疼痛等症狀。

這是一種轉移可能性低的惡性腫瘤，但容易局部浸潤，所以很多病例即便經過治療，預後狀況也不佳。

退化性脊椎炎

症狀

- 腰部與背部疼痛
- 輕微的步態障礙

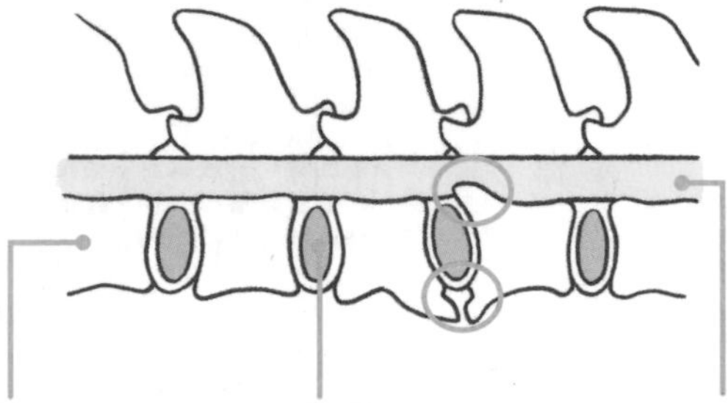

椎體　**椎間盤**　**脊髓**

椎體變形且骨頭變尖，壓迫到脊髓而引發疼痛。大部分不會出現症狀。

原因

椎間盤突出症是椎間盤物質壓迫到脊髓神經而引發疼痛，退化性脊椎炎則是**椎體變形引發骨質增生並形成骨棘，有時會壓迫到脊髓神經**的一種疾病。發病案例比椎間盤突出症還要多，但大部分不會出現症狀，因此通常是為了別的疾病而拍攝X光時才偶然發現。

愈高齡的狗狗發病的可能性就愈高。一般認為是受到在此之前的姿勢、運動、外傷與營養等的影響，導致脊椎骨變形。

大多情況下並無症狀，所以已經發病卻一無所察的案例不在少數。然而，如果導致腰部與背部開始發疼，則必須加以治療。

根據發病的部位，有時還會引發步態障礙、排便或排尿困難。X光檢查的結果看起來與椎間盤脊椎炎相似，必須格外留意以免誤診。

治療

進行神經學檢查與X光檢查以確認病變部位，之後再**利用止痛劑來減緩疼痛**。有時必須同時維持靜養、限制運動並管理體重等。

如果年紀輕輕就發病，或是疼痛劇烈而對生活造成影響時，則須採取外科治療，不過這種情況較為罕見。

脊髓軟化症

症狀

- **背部的疼痛會移動**　・**四肢麻痺**
- **元氣盡失**　・**呼吸困難**

原因

這種疾病最常見的發病案例，是在發生**重度椎間盤突出症或重度脊髓損傷等情況後，脊髓逐漸壞死**。具體來說，若罹患五級的椎間盤突出症，大多在手術後一週左右內就會發病。機率約為10%。此外，也有可能因為交通事故或骨折等對脊髓造成強烈衝擊而引起。

發病的原因尚未釐清。症狀是麻痺，會從後腳逐漸擴展至上半身，最後陷入呼吸困難，在大多情況下，**約一週至十天左右便會死亡**。

治療

一旦罹患脊髓軟化症，便無有效的治療方式。這是一種無法預防的疾病，所以無計可施。

最終會因呼吸困難而亡，為了免去這些痛苦，**安樂死不失為一種選擇**。

脊髓梗塞

症狀

- **後肢突然搖晃不穩或麻痺**
- **排尿障礙**

原因

這是一種**纖維軟骨阻塞脊髓血管的疾病**，會因而引發急性脊髓損傷。

損害程度會因血管阻塞的位置及範圍而異。輕者只是步伐搖晃不穩或姿勢異常，重者則可能四肢完全麻痺。此外，有時還會引發尿失禁等排尿障礙。

這種疾病不僅不會伴隨著脊髓疼痛，**症狀也不會持續惡化**。

治療

無有效的治療方式，也不可以動手術。為了與椎間盤突出症等加以區別，並確定是否為脊髓梗塞，應進行ＭＲＩ檢查，排除其他疾病的可能性。

大多情況下會自然康復，但病情嚴重的話仍會留下後遺症，因此需要復健以求康復。

相對於椎間盤突出症會隨著時間推移而逐漸惡化，脊髓梗塞的特徵在於是突然徹底麻痺。

症狀

- 後腿的步幅變寬
- 行走時摩擦著後腿的腳背與趾甲
- 後腿與腰部搖晃不穩
- 下半身麻痺
- 前腿也出現一樣的症狀

好發於柯基犬的疾病

退化性脊髓神經病變

(Degenerative Myelopathy ／ DM)

退化性脊髓神經病變（DM）**一開始是從後腿引發運動失調而漸漸無法動彈**。是一種病程約三年的神經疾病，在麻痺擴展至全身後身亡。

病因及症狀與人類的肌萎縮性脊髓側索硬化症（ALS）極為相似。柯基犬大多在十歲左右後發病。

原因

原因尚未釐清，但在許多罹患退化性脊髓神經病變的狗狗身上發現了特定的基因突變。

一般認為涉及發病的是一種名為「超氧化物歧化酶1（SOD1）」的基因，負責製造具有抗氧化作用的蛋白質。突變的SOD1基因所產生的異常蛋白質會積聚於神經細胞中，對脊髓神經造成損害並導致突變。

SOD1基因也是造成人類肌萎縮性脊髓側索硬化症的原因之一。柯基犬大約是在十到十二歲罹患退化性脊髓神經病變，不過尚未發病的狗狗身上也可觀察到異常蛋白質的積聚，所以一般認為神經變異始於更早階段。

帶有成對突變SOD1基因的狗狗發病風險較高，甚至已**有調查結果指出，約50%的柯基犬都符合這種狀況**。然而，這50%的柯基犬不見得全都會發病，因此除了SOD1基因外，很有可能還有其他基因突變也會引發此病。

DM與椎間盤突出症的差異

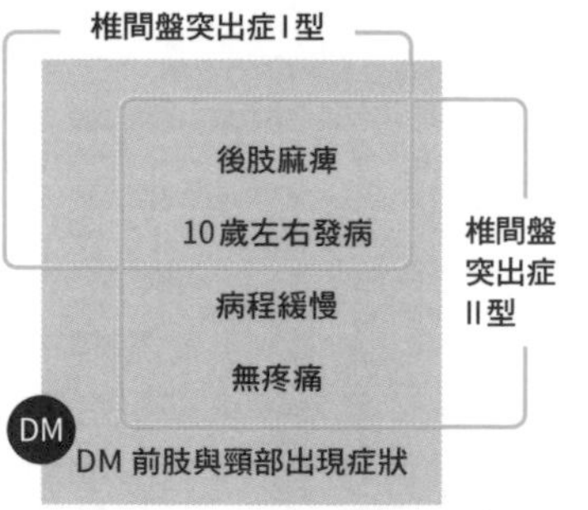

椎間盤突出症I型
後肢麻痺
10歲左右發病
病程緩慢
無疼痛
椎間盤突出症II型
DM
DM 前肢與頸部出現症狀

椎間盤突出症I型、II型與退化性脊髓神經病變十分相似，此為粗略的區分方式。II型在極罕見的情況下也會出現疼痛，兩種同時發作的情況也不在少數。

摩擦著腳背行走的姿態為DM的典型症狀。請立即向動物醫院諮詢。只要能早期發現並早期治療，雖不至於減緩病程，卻可以提升柯基犬的生活品質。

症狀

從軀幹中央（前腿與後腿之間）一帶的脊髓開始出現退化，從運動失調到麻痺歷時約三年，最終導致死亡。與椎間盤突出症等神經疾病相似，但是這種疾病的特徵在於直到臨終都沒有疼痛感。

●**初期症狀**：後腿出現運動失調，狗狗漸漸難以辨識自己的腿部動作與位置。可觀察到後腿的步幅變寬、腳背或趾甲摩擦著地面行走、用腳背站立（折腳，knuckling）等變化。

在狗狗進入老年期後，應定期錄下其走路樣態的影片並加以比照，有助於早期發現。此外，不光是動作上的異常，還可感受到印象上的變化，比如看起來莫名慵懶倦怠，或是無精打采而蒼老。

●**一級**：發病後六個月左右，後腿會開始搖晃不穩或交叉。有時會拖著腿走路，腰部也不穩定地搖搖晃晃。

一年過後，後腿的動作會變遲鈍，腰部則無法完全抬起。

●**二級**：到了一年六個月左右，麻痺繼續惡化而後腿無力，連下半身都無法支撐。前腿尚未出現異常，但是行走時需要輔助。

●**三級**：兩年過後，後腿會徹底麻痺。下半身的肌肉會萎縮而體重減輕。前腿出現初期症狀的運動失調，會搖晃不穩或用腳背站立。從這階段開始可能再也無法自行排泄。

●**四級**：發病後近三年時，連前腿也開始麻痺而無法行走。頸部也難以移動，無法支撐上半身，愈來愈常做出側臥的睡姿。腦幹也持續麻痺，導致吠叫聲嘶啞且難以吞嚥食物。最終呼吸紊亂不規律，多因呼吸衰竭而死。

←見下一頁

建議的輔助

1 級	讓狗狗穿上鞋子或腳套，以免拖著後腿走路時腳尖受傷。
2 級	安裝輪椅以便維持行走的姿勢。
3 級	協助狗狗排泄，比如壓迫膀胱排尿等。
4 級	必須協助狗狗進食與飲水，以防誤嚥。採取褥瘡的預防措施，為臥床不起時做好準備。呼吸功能衰退時，供應氧氣。

檢查

若要確切診斷出退化性脊髓神經病變，必須進行脊髓組織檢查，所以生前無法做出確切的診斷。因此，應透過ＭＲＩ、ＣＴ、Ｘ光檢查、腦脊髓液檢查來排除椎間盤突出症或發炎性神經疾病等症狀相似的神經疾病，並透過血液檢查確認ＳＯＤ１基因有無突變，綜合這些結果來進行排除式診斷。

然而，柯基犬大多還會併發椎間盤突出症，所以很難做出確切的診斷。

治療

目前尚未確立退化性脊髓神經病變的治療方式，因此應採用藥物療法來減緩病程。可投以具抗氧化作用的營養輔助食品（也會用於治療人類的ＡＬＳ）、對神經再生頗為有效的維生素劑與抑制炎症的藥物等。

一般認為，物理治療在臨床上也是有用的。運動與復健的目的在於延長狗狗自行活動的時間並減緩病程。建議使用輪椅讓狗狗維持站立與行走的姿勢。活動身體必須透過神經將指令從腦部傳遞至肌肉，因此即便神經發生退化，只要反覆施加刺激，仍有可能維持其功能。以能緩慢而持久的散步為主的有氧運動為佳。

輔助

症狀會因疾病的級別而異，因此應與動物醫院討論並及時提供狗狗當下需要的輔助。一般認為會刺激神經與肌肉的按摩也很有效。

預防

透過血液檢查即可掌握有無基因突變，因此為了事先了解愛犬的發病風險，接受檢查也是一種方式。也有可能在尚未出現症狀的階段便透過早期治療來預防發病，因此目前正在研究能在發病前做出診斷的檢查方式。

症狀

- 突然發出慘叫聲
- 變得不想動
- 不停顫抖
- 蜷曲起背部
- 拖著後腿走路

好發於柯基犬的疾病

椎間盤突出症

椎間盤突出症是**椎間盤向外突出壓迫了脊髓而引起疼痛或麻痺等的神經疾病**。可區分為急遽發病且疼痛劇烈的漢森I型，以及持續慢性症狀的漢森II型。柯基犬有罹患這兩種類型的風險，且很有可能併發退化性脊髓神經病變。

原因

在脊柱之間肩負著緩衝作用的椎間盤向外突出，壓迫了脊髓而引發神經異常。I型是位於椎間盤中的髓核穿破外側的纖維環向外突出，II型則是椎間盤外側的纖維環鼓起，壓迫到脊髓所致。

椎間盤剖面圖

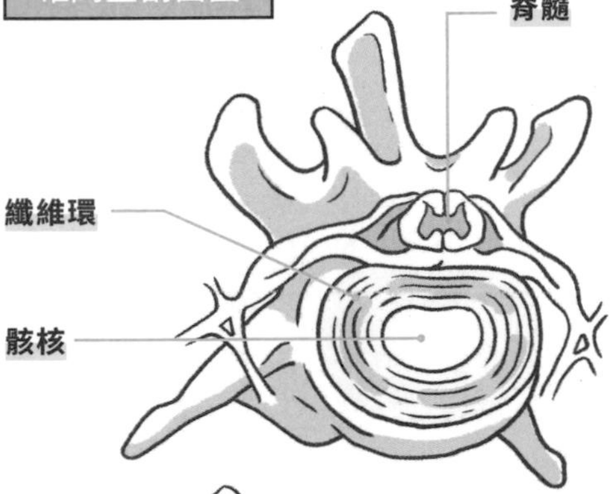

正常狀態

漢森I型
髓核穿破纖維環向外突出，壓迫到脊髓。

漢森II型
纖維環鼓起變形，壓迫到脊髓。

⬅見下一頁

症狀

Ⅰ型大多是急遽發病且會產生劇烈疼痛，Ⅱ型則病程緩慢且輕微，通常不會出現疼痛。兩者出現症狀的部位與嚴重程度皆會因椎間盤向外突出的位置或壓迫程度而異。

- **一級**：會疼痛。動作緩慢但未出現麻痺。
- **二級**：走路時會搖晃不穩或摩擦著趾甲。
- **三級**：腿部無力，無法移動身體。
- **四級**：嚴重麻痺導致腳尖失去知覺，引起排泄障礙。
- **五級**：四級的症狀再加上喪失深層痛覺（刺激骨骼時的劇烈疼痛等）。

檢查

透過觸診、血液檢查、Ｘ光檢查等，排除椎間盤突出症以外的可能性。進行確認脊髓反射的神經學檢查與ＭＲＩ、ＣＴ檢查。

治療

如果是一、二級，應採取非類固醇藥劑的內科治療以及靜養數週的非侵入性治療。亦可讓狗狗穿上動物專用矯正衣作為輔助。

如果是三級，亦使用非類固醇藥劑。倘若幾天內病情有所好轉，應繼續服藥、靜養並觀察後續狀態，假如沒有改善或復發，則進行外科手術較為合適。

如果是四至五級，應盡快拍攝ＭＲＩ加以鑑定，與脊髓腫瘤、脊髓梗塞、脊髓炎、脊髓出血等做出區別，並且鎖定椎間盤部位以便進行外科手術。

若置身於無法拍攝ＭＲＩ的環境中，則透過ＣＴ或Ｘ光來鎖定椎間盤部位並進行外科手術。**四級的手術改善率為90%，五級的改善率則不到50%**，因此情況允許的話，務必於三至四級的階段進行手術。

手術後仍須持續服用非類固醇藥劑並靜養，靜待病情好轉。外科手術一般是切除壓迫脊髓神經的髓核或纖維環。最近也會採取利用雷射的ＰＬＤＤ法來治療漢森Ⅱ型。

此外，有時還會在手術後仍不見起色的狗狗身上進行再生醫療。

復健

治療後症狀如有改善，則應展開復健。目的是讓受椎間盤壓迫而出現異常的神經復活並盡快恢復功能。

除了身體負擔較少的水中跑步與游泳外，陸上跑步也頗為有效。

預防

肥胖是導致脊椎疼痛的原因之一，所以透過飲食管理來維持標準體型至關重要。藉由適度運動來維持肌肉也有助於預防。

最好留意不要讓狗狗採取負擔較大的姿勢，比如只抓住其前腳或腋下往上抱、未呼喊名字就冷不防抱起來、使其以後腿站立、在木質板材等易滑的地板上生活等。

馬尾症候群

因為椎間盤突出症等而壓迫到馬尾神經，進而引發各種神經症狀，即稱為馬尾症候群（退化性腰薦椎狹窄症）。所謂的馬尾神經，是指脊髓在腰椎處變細窄，如馬尾般分枝的神經。症狀會因壓迫的位置與程度而異。

初期症狀往往出現在腰部或尾部，觀察到狗狗不願意坐下、不搖動或抬起尾巴等變化時，須格外留意。病情一旦惡化，會引發運動失調、後腿搖晃不穩、麻痺擴散，還會出現排泄障礙。

馬尾症候群不僅與各種神經疾病或關節疾病頗為相似，同時發作的情況也不在少數。除了X光檢查與神經學檢查外，還須透過MRI與CT檢查來確定診斷。高齡犬即便沒有症狀，有時也能透過這些檢查觀察到馬尾症候群的特徵，也有不少案例經過很長一段時間才診斷出來。

如果症狀輕微、應以靜養的非侵入性治療與非類固醇藥劑的內科治療為主。後肢麻痺與排泄障礙嚴重的情況下，則須透過外科手術進行減壓療法等。

定期接受健康檢查，有助於疾病的早期發現與早期治療！

所謂的「狗狗健檢（Dog Dock）」即狗狗的綜合健康檢查，可以掌握愛犬的健康狀態，因此近來推廣有成。各家動物醫院的檢查項目不盡相同，不過主要項目包括一般身體檢查、血液檢查、尿液檢查、糞便檢查、X光檢查與超音波檢查等。

健康檢查有助於疾病的早期發現、早期治療與預防，可守護愛犬的健康，因此定期檢查十分重要。

雖說健康檢查隨時都可以做，但為了避免忘記，只要與開立絲蟲預防藥前的血液檢查一起進行，便相當於每年定期接受一次健檢，如此較令人安心。到了七歲以後更容易患病，改為每年兩次（半年一次），過了十歲則每年接受四次（按季節）健康檢查較為理想。

「狗狗健檢」中有時會備有課程方案，不妨向固定就診的獸醫諮詢，根據愛犬的年齡、狀態與預算等討論出適合的方案即可。

當然不僅限於狗狗健檢，只要有任何疑慮，別忘了每次都接受個別的檢查。

■身體檢查（觸診、聽診與視診）

關節與淋巴結是否腫脹？眼睛、耳朵、皮膚與口腔內等處是否有異常？心音是否異常等，透過直接觀察、觸摸與聽診做出診斷。

■血液檢查

血液檢查可大致區分為查驗紅血球與白血球的「血液檢查」、查驗器官功能的「血液生化檢查」、查驗有無絲蟲等寄生蟲的「寄生蟲檢查」、查驗內分泌濃度的「血中荷爾蒙檢查」等。

透過這些檢查，可以發現腎衰竭、糖尿病、庫欣氏症候群、甲狀腺機能低下症、貧血、脫水、胰臟炎、過敏等各式各樣的疾病，或是查明原因等，有助於了解愛犬的身體狀態。

為了狗狗量身打造的健康檢查「狗狗健檢」可以無微不至地守護愛犬的健康，因而備受關注。在此解說健檢中都會做哪些檢查以及可以了解到哪些事項。

血液檢查結果表單上會明確註記作為基準的「正常值」。根據檢查結果的數值是高於還是低於正常值範圍，將有助於發現疾病或查明症狀的原因。

若有項目檢測結果未落在正常值範圍內等問題，不僅可據此與獸醫討論並展開治療，若能在日常健康管理中派上用場更再好不過。此外，定期檢查並記錄將有助於掌握愛犬的健康狀態與身體趨勢，便於在日常生活中進行預防與改善等。

■尿液檢查

血液中的老廢物質經腎臟過濾後會隨著水分一起排出體外。尿液檢查便是查驗那些尿液中殘留了什麼，不會讓狗狗感到害怕而執行起來比其他檢查還要容易。不僅可檢測出腎臟、尿道、肝臟與膽道系統的異常，還能檢測出腫瘤細胞等，有助於掌握器官功能的狀況。

可以自己帶著採集的尿液去檢查，如果有困難，亦可到動物醫院再採集。

■糞便檢查

查驗有無寄生蟲、消化道炎症或異常、細菌是否平衡、有無消化不良、細胞成分等。若要自己帶著糞便去檢查，應採集大約手指第一關節大小的量，並放入塑膠袋等以免乾掉。

■X光檢查

這種檢查是照射極微量的放射線來檢視全身狀態。可查驗的範圍甚廣，比如器官的大小或形狀有無異常、肝臟或脾臟等器官的陰影是否異常、胸部或肺部裡有無積水、骨骼或關節是否異常、有無結石等。檢查時間極短。根據檢查的內容，有時會使用鎮靜劑或麻醉藥，以確保在最佳位置進行拍攝。只要正確使用安全性高的藥物，即可在幾乎不對狗狗造成負擔的情況下完成檢查。

■超音波檢查

這種檢查是將人類聽不到的高頻音波

⬅見下一頁

定期接受健康檢查，
有助於疾病的早期發現
與早期治療！

打在心臟或腹腔內的器官等處，再以圖像形式將反彈回來的聲音顯示出來，從而即時確認器官的樣態。可以檢驗各種器官內部的狀態、血管的狀態、腫瘤有無、心臟功能是否有異常等。最近也被用於關節疾病或肌肉疾病的診斷。是一種無須麻醉且無痛的檢查，所以對身體無負擔，可以安心接受檢查，不過體毛濃密的部位必須剃毛。

■檢查結果

從狗狗健檢的結果還可預測出即便當下為健康狀態但往後很可能罹患的疾病等。在這樣的情況下，只要接受獸醫在疾病預防措施與注意事項等方面的建議，便可安心。

狗狗健檢將有助於提升整體的生活品質，包括今後疾病的早期發現、早期治療與健康管理等。定期就診好處多多。

尿液檢查的種類

●尿液試紙檢測

將採集的尿液沾在條狀試紙上。查驗尿液的pH值、尿糖、血尿、膽紅素、蛋白質、酮體等的數值。

●尿比重檢查

將採集的尿液倒入離心機中，再以尿比重計檢測分離出來的液體部分。數值若低於正常值，則懷疑可能罹患了腎臟疾病等。

●尿沉渣檢查

利用離心機加以分離後，再用顯微鏡查驗尿液中所含的沉澱物。在罹患疾病的情況下，紅血球或白血球的數量、有無細菌、結晶或尿液圓柱體等沉澱物會增加。

糞便檢查的種類

●浮遊法

利用藥劑溶解放入試管內的糞便，靜置約15分鐘，蟲體與蟲卵便會逐漸浮上來。再透過顯微鏡查驗是否有蛔蟲或鉤蟲等寄生蟲的卵或球蟲等原蟲。

●直接法

將採集的糞便直接放在載玻片上，利用顯微鏡觀察。除了浮遊法可確認的病原體外，還可確認是否有梨形鞭毛蟲與細菌等。

●PCR檢查（基因檢測）

委託外部檢查機構，可協助檢測出在院內檢查中難以檢測出的腹瀉原因。建議新養的幼犬或反覆排出軟便或腹瀉的狗狗務必接受這項檢查。

第9章

骨骼與關節疾病

有些是患有先天性骨骼或關節異常，有些則是因激烈運動或事故而出現異常。如果狗狗的行走方式與平常有異或活動量比平常少，最好懷疑其中有異。

骨骼的構造

詳情請參照10-11頁。

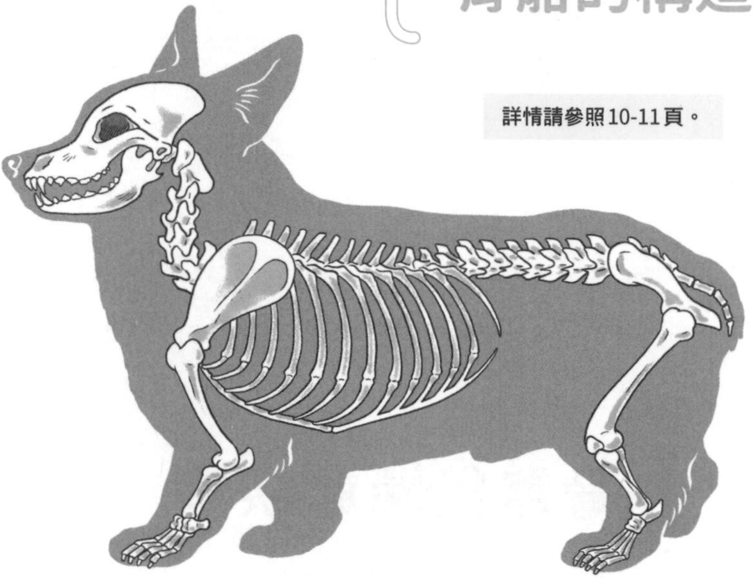

骨折

症狀

- **拖著腿走路**　・**腿部腫脹**
- **總是抬起單腳**
- **一碰身體就厭惡、呻吟**

原因

指因從高處跌落、強行往下跳、扭傷腳、被東西夾住或因交通事故等而導致骨頭折斷。

治療

若疑似骨折，**應讓狗狗盡量不要活動並盡快送至動物醫院**。將病因、全身狀態、年齡與慢性病等考慮在內來決定治療方式。

在無法進行全身麻醉等情況下，應利用石膏或夾板等加以固定直到病情穩定下來。

如果可以動手術，則根據骨折部位或類型來選擇手術方式。基本上會採用鋼板固定法，另有創外固定法與骨釘固定法等，有些情況下會單獨或結合多種方法來固定。複雜骨折的手術有時會分二到三次來進行。有些骨折部位在痊癒後須再次動手術取出鋼板。

髕骨脫臼

症狀

- **會看到狗狗抬起單腳或跳著走路**
- **行走時後腿不斷往後踢**
- **遇到高低差會躊躇不前**　・**偶爾發出「Kyan」的叫聲**

原因

髕骨是位於膝蓋關節的骨頭，即所謂的「膝蓋骨」。髕骨脫臼便是這塊**髕骨脫落**，有些是天生髕骨周邊肌肉或骨骼的形成、韌帶有異常，屬於先天性；有些則是因為跌落、交通事故、撞到腳而髕骨損傷，屬於後天性。

治療

治療方式因症狀的嚴重程度而異。**以柯基犬來說，大多為後天性**，所以通常必須動手術。手術後須靜養至少數月並服用消炎止痛劑。

髖關節脫臼

症狀

- **一直抬著腿**　・**行走方式異常**
- **一觸碰身體就顯露出厭惡且疼痛之色**

原因

髖關節是一個球狀的股骨頭嵌入骨盆側呈碗狀的髖骨之中。從高處跌落或因交通事故等而受到衝擊或嚴重外傷等時候，導致**髖骨與股骨頭錯位**。

據說若髖關節周邊的肌肉太薄弱，關節處會變得不穩而容易發生脫臼。

治療

進行觸診、步態檢查與X光檢查等來進行診斷。必要時還須進行血液檢查與CT檢查等，以便探查是否有其他容易引起脫臼的疾病或異常。

有些案例採用的手法是先全身麻醉，再由獸醫親手整骨復位並加以固定，**若再次脫臼才動手術，有些案例則是一開始就動手術**。

手術方式也分為多種類型，比如關節囊重建手術、股骨頭切除手術、人工髖關節置換手術等。應將症狀、全身狀態、慢性病與年齡等考慮在內來決定手術方式。

免疫性關節炎

症狀

- 發燒
- 元氣盡失、食慾不振
- 護著腿走路或不願意走路
- 花較多時間站起並邁步
- 關節腫脹

原因

多發性關節炎也是致病原因之一。這是一種因為免疫異常引起攻擊自身關節的自體免疫性疾病。

發病原因尚未釐清，但需要數月至半年才能痊癒，會伴隨疼痛緩慢地惡化。

治療

需進行觸診、血液檢查、X光檢查、犬類風濕因子與關節液檢查等。讓狗狗服用類固醇藥劑之類的免疫抑制劑等。有時即便症狀有所改善仍必須繼續服藥。重要的是早期發現，並於關節狀態嚴重惡化之前盡早展開治療。

骨腫瘤

症狀

- 出現腿部疼痛而跛行
- 顯露出背部疼痛的模樣
- 一張嘴就面露疼痛之色
- 臉部變形

原因

如其名所示，這是一種**骨頭上長出腫瘤的疾病。骨腫瘤中較常見的有骨肉瘤與滑膜肉瘤**。另外還有多發性骨髓瘤、鱗狀上皮細胞癌、前列腺癌與肛門囊頂漿腺腺癌骨轉移等。

治療

逐一進行觸診、血液檢查、X光檢查、切片檢查、病理組織檢查、CT檢查等。**如果發生在四肢，應透過外科手術進行截肢**，若發生在下頜或肋骨等處也要加以切除。

手術後還要進行放射線治療與化學治療。也會使用止痛劑等來緩解疼痛。

好發於柯基犬的疾病

關節炎

症狀

- 元氣盡失、食慾不振
- 拖著腿走路
- 坐不直
- 遇到階梯就躊躇不前
- 一直抬著腿不著地
- 突然不再走動
- 花較多時間站起
- 行走時頭會上下擺動
- 行走時腰會大幅左右擺動

原因

關節的骨頭是由可發揮緩衝效果的軟骨以及有潤滑油作用的關節液所保護。當關節軟骨長時間或瞬間受到強烈的刺激，**軟骨就會變形。關節的結構受損，便會造成暫時性但大多會延續一生的疼痛**。

關節疾病包括髖臼發育異常（髖關節發育不良）、感染性關節炎、特發性多發性關節炎、髕骨脫臼、前十字韌帶斷裂、退化性關節炎、類風濕性關節炎、顳頜關節炎等。一般認為是因為肥胖、運動不足、年齡增長、外傷、遺傳性要素、免疫異常、荷爾蒙異常、發育期營養不良等所引起。

這些病因中，較常發生在柯基犬身上的是**前十字韌帶斷裂伴隨而來的關節炎，好發於喜歡四處奔跑的狗狗、因肥胖而運動不足，甚至罹患了庫欣氏症候群的狗狗**。

治療

進行觸診、X光檢查、血液檢查、步態檢查、關節液檢查、CT檢查等，綜合症狀來進行內科治療。

此外，獸醫有時會根據症狀指示靜養的天數，為了維持適當體重，低熱量且營養均衡的飲食更顯重要。靜養期結束後，應從對身體負擔較小的運動開始分階段進行，以求加強支撐關節的肌肉。根據病情，可能需要動手術。

在消炎止痛劑方面，應觀察症狀並透過血液檢查確認有無副作用來調整要繼續、改變或終止服藥。如有任何疑問請隨時向獸醫諮詢。

關節炎**有分逐漸惡化與急速惡化兩種情況。無論哪種情況，早期發現並早期治療都很重要**。如果感受到愛犬與平常有異，**應從各種角度錄下其走路的姿態，並向獸醫諮詢**。此外，從幼犬時期便拍攝其行走與奔跑方式的影片，並在健檢時接受評估，即可提高早期發現的可能性。

好發於柯基犬的疾病

髖臼發育異常

（髖關節發育不良）

原因

這是一種好發於大型犬但也會出現在柯基犬身上的疾病。髖關節是由堅固且美觀的球狀關節（骨盆側的髖臼與股骨側的股骨頭所構成）、韌帶以及關節囊形成不會輕易脫落的構造。

然而，在髖臼發育異常的情況下，球狀關節會隨著成長而出現鬆動，進而連髖臼與股骨頭都不斷變形，最終變得鬆弛而容易脫臼。這種鬆弛狀況會引發關節炎，造成慢性疼痛或步態障礙。

髖臼發育異常為遺傳性疾病，不過除了遺傳性因素外，據說營養過剩或過度運動等環境因素，再加上荷爾蒙異常等，也有可能致病或惡化。然而，這些目前都尚未釐清。

這種疾病大多在出生後四個月至一歲左右發病。年幼時期會伴隨著疼痛，但僅止於行走或活動方式不穩定，飼主容易忽視。不穩定的關節若置之不理，可能會引發完全脫臼或形成骨棘，導致關節無法順暢活動。

一旦髖臼發育異常惡化而引發退化性髖關節炎，疼痛會加劇，因而出現拖著腿走路、行走困難等各種症狀。

治療

進行步態檢查、透過觸診確認有無歐氏徵象（Ortolani's sign）、X光檢查、CT檢查等。

另有一種名為「PennHIP法」的特殊檢查方式，可以推測出幼犬將來發生髖臼發育異常的可能性，不過必須使用特殊的器具，所以只能在有限的設施中進行。

治療方式分為非侵入性治療與外科手術治療。非侵入性治療會持續讓狗狗服用減輕疼痛的NSAIDs等非類固醇類消炎止痛劑，以及關節專用營養輔助食品。此外，還會採取對症療法，建議透過減量與節食以減輕關節的負擔等。

同時應持續適度的運動以免運動不足，疼痛劇烈時則好好靜養。

外科手術治療包括三刀骨盆切開手術或轉子間切骨術等外科手術，用以改善不穩定的髖關節。然而，這些是在退化性關節炎發作之

症狀

- 體型呈身體前方肌肉發達而後方消瘦的倒三角形
- 行走時腰部會左右擺動且步幅變短
- 如兔子般奔跑時會同時踢蹬左右後腿
- 在散步途中停下並坐著不走
- 跛行，髖關節一按就痛
- 難以站起

前才有效的治療方式。若是已經發生退化性髖關節炎的病例，則有切除股骨的股骨頭切除手術與置入人工關節兩種手術方式。

為了多少緩解症狀，避免狗狗變得肥胖至關重要。從平日就徹底做好飲食與運動的管理為一大關鍵。

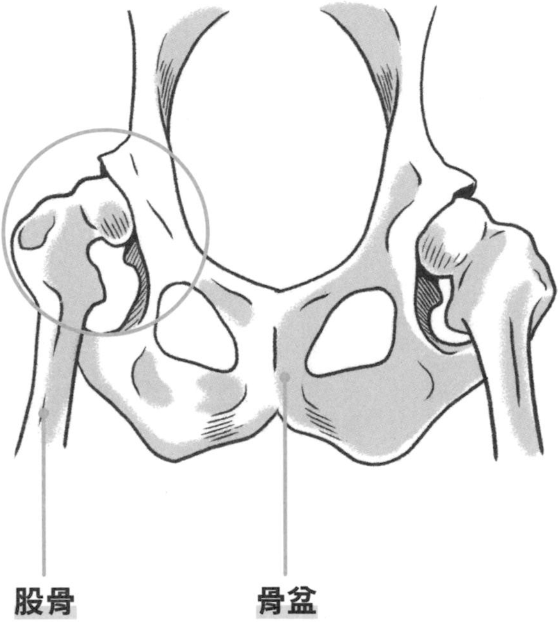

骨盆與股骨之間的接合處鬆動，變得容易脫臼。此外，還會因為鬆動而引發關節炎甚至是變形。

前十字韌帶斷裂

原因

前十字韌帶斷裂是一種好發於柯基犬的疾病。

位於膝關節內的十字韌帶發揮著聯繫股骨與脛骨的綁帶作用。有前十字韌帶與後十字韌帶，**前十字韌帶具有限制脛骨往前移動的作用**。**一旦這條前十字韌帶斷裂，在負載體重時，脛骨會從正常位置往前錯位而無法支撐身體**。同時還會出現劇烈疼痛，導致狗狗持續著抬腿的狀態。此外，倘若位於膝關節內的半月板也受損，則會承受更加劇烈的疼痛。

這種疾病**好發於中高齡犬**，幾乎不會出現在幼犬身上。一般認為是在韌帶強度隨著年齡增長而逐漸減弱時，承受腳踩空等外力所致。

這種疾病在柯基犬並不常見，卻很容易發生在髕骨脫臼的狗狗身上。一般預測，韌帶在部分斷裂後幾個月內就會徹底斷裂，且會因為劇烈運動或肥胖而更容易斷裂。

如果韌帶徹底斷裂後卻置之不理而引起繼發性退化性關節炎，可能會不適合動手術。

治療

在觸診時會進行一項名為「脛骨前拉測試」的檢查，藉此診察股骨相對於脛骨往前錯位的狀況。

Ｘ光檢查則是確認脛骨前移的狀況，以及關節內的積水狀況。基本上是透過外科手術來治療，不過在手術日之前與之後的一段時間都要讓狗狗服用消炎止痛劑以減輕炎症，同時好好靜養。如果有肥胖問題，手術後必須進行節食。

透過外科手術進行治療的方式主要分為兩種。一種是利用人工韌帶代替斷裂的韌帶以加固關節的韌帶重建法，另一種則是切開膝蓋的骨頭，調整膝關節內錯位骨頭的角度並以鋼板固定的ＴＰＬＯ法。

要完全預防前十字韌帶斷裂並不容易，不過可以藉由**適度運動與體重管理**來避免對膝關節造成負擔，大大減少風險因素。

症狀

- 跛行　● 一直抬著腿不著地
- 後腿僵直
- 膝關節腫脹且疼痛
- 行走時發出喀嗒聲
- 採後腿不彎曲的側坐姿勢

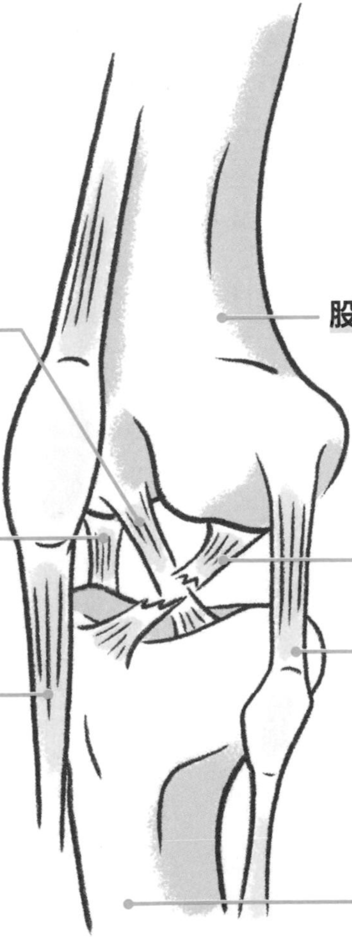
後十字韌帶
股骨
內側副韌帶
前十字韌帶
外側副韌帶
膝蓋韌帶
脛骨

連接股骨與脛骨的前十字韌帶斷裂，會導致膝關節逐漸錯位，因而引起發炎並出現劇烈疼痛。若放任前十字韌帶斷裂不處理，還會造成半月板損傷。

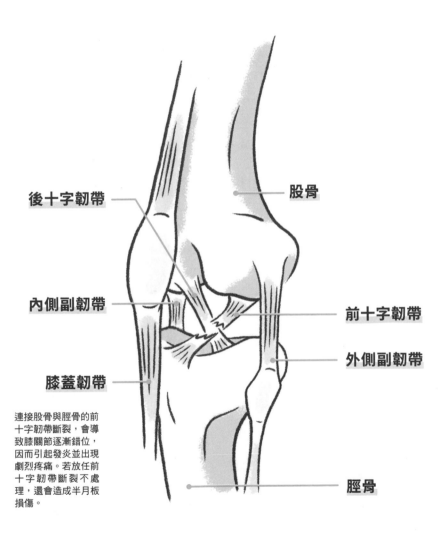

隨著醫療發展而持續進步的動物高級醫療

當愛犬罹患固定就診的獸醫窮盡辦法都無法治療的嚴重傷病時，高級的專門醫療便成了最後堡壘。在此介紹動物醫療因應難治疾病的診察項目與診療流程！

在愛犬罹患嚴重傷病、無法查明病因或治療困難等情況下，可以依賴具備高度專業、最先進醫療設備與豐富病例且專門負責轉診治療的高級醫療動物醫院。

其高級的醫療器材與人類所用的醫療設備是同等級的。包括放射線治療裝置、MRI、CT、可拍攝影片的X光裝置（C型臂）、高性能超音波診斷裝置、腦波檢查裝置、人工透析裝置、內視鏡、腹腔鏡、膀胱鏡、手術用顯微鏡、正壓手術室等，高級的檢查設備與治療設備一應俱全，以便因應各種傷病。此外，從檢查設備的操作乃至診療與治療，皆由專攻專業領域而具備豐富知識、經驗與高超技術的醫生負責。除了有可因應各種疾病的多間手術室與普通住院室外，維持在適度溫度與溼度且提高氧氣濃度的ICU住院室等也很完善。

然而，高級的醫療設備加上可以因應難治疾病的專業性治療，費用會比一般動物醫院還要昂貴。先進的檢查、高難度的手術或特殊治療等，治療費用會視情況而增加。目前的現狀是，為了維持高級的醫療體制，費用高昂在所難免。

日本各地皆設有提供先進醫療的大學附屬動物醫院與民間高級醫療動物醫院等，但是這些大多為轉診醫院，並不接受飼主直接請託與診察。應先送至固定就診的動物醫院就醫，並遵從獸醫的指示。因此，飼主從平常就與固定就診的獸醫建立起可諮詢任何問題的信賴關係比什麼都重要。

轉診醫院的預約與就診流程

1. 先在固定就診的動物醫院接受診察。
2. 由獸醫聯繫轉診醫院並預約。
3. 由獸醫聯絡飼主，告知轉診的預定日期。
4. 飼主於預定的日期與時間帶著愛犬前往轉診醫院。
5. 接受主治醫生的診察與檢查。
6. 醫生依據檢查結果說明今後的治療方式。檢查與治療結果也會報告給固定就診的動物醫院。
7. 在轉診醫院結束治療後，繼續在固定就診的動物醫院進行恢復管理與藥物處方等後續照護。

第10章

皮膚與耳朵疾病

好發於耳朵的疾病（外耳炎等）與皮膚疾病密切相關，因此整理於同一章節。膿皮症等發生在柯基犬身上的皮膚疾病不在少數。務必重視日常的護理。

皮膚的構造

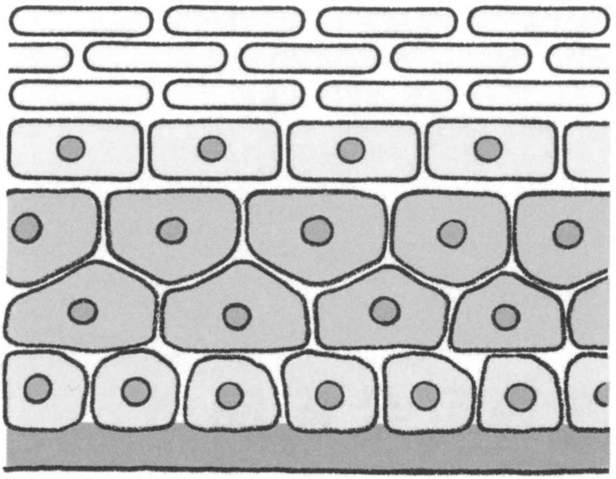

角質層
在構成表皮的細胞中占了90%以上。發揮肌膚防護與保濕功能。
顆粒層
棘狀層
基底層
基底膜

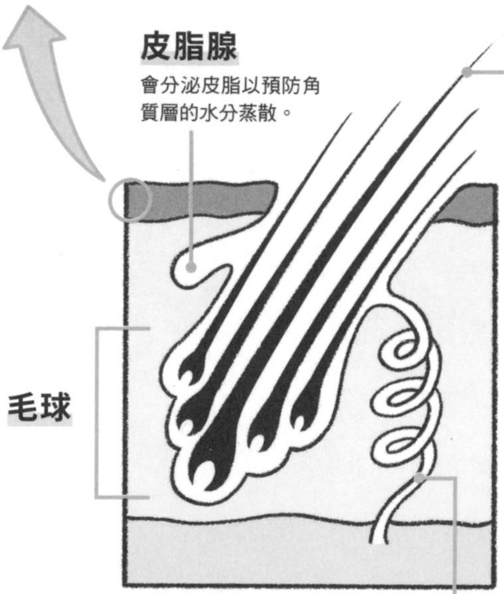

皮脂腺
會分泌皮脂以預防角質層的水分蒸散。
體毛
狗狗的一個毛孔會長出多根毛髮。
表皮
非常薄，大約只有人類的1／3。
毛球
真皮
皮下組織
頂漿腺
會分泌出高脂肪成分的汗水。

皮膚的作用

- 保護身體免受刺激物質或微生物侵擾。
- 調節體內的水分與體溫。

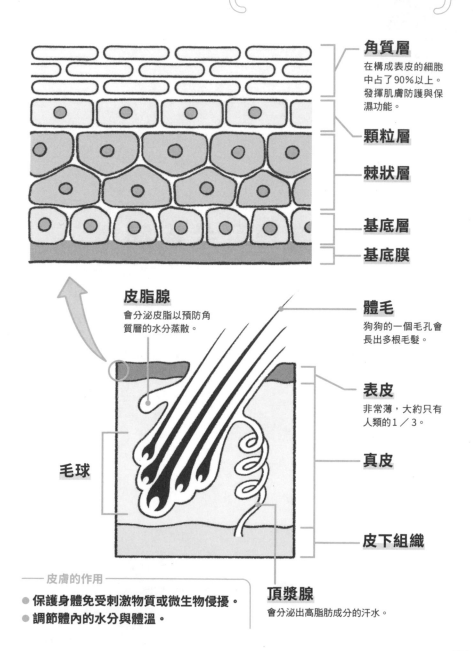

好發於嬰幼犬的疾病

嬰幼犬時期（這裡是指零歲至四歲以下），皮膚本身的免疫功能尚未完善，因此皮膚的抵抗力弱，較容易罹患皮膚疾病。

●膿皮症

這是一種因為名為葡萄球菌的常在菌進入毛孔並繁殖而引發皮膚問題的疾病（詳情請參照142頁）。

●真菌病

症狀

・出現圓狀掉毛　・掉毛周圍出現皮屑
・隨著症狀惡化而出現搔癢感

原因

真菌是一種黴菌，真菌病即名為皮癬菌的黴菌在皮膚上引起發炎的疾病。皮癬菌包括犬小芽胞菌、白癬菌、石膏樣小孢子菌等，經由空氣或土壤傳染。抵抗力較差的幼犬務必格外留意。

治療

進行皮膚檢查，如果判斷是真菌病，應確實治療直到徹底殺死真菌為止，這點至關重要。除了口服抗真菌劑外，還須同時採用藥用泡泡浴。

真菌病也會傳染給人類。若已診斷或懷疑愛犬患有真菌病，應留心避免傳染給小學生以下的兒童、高齡者或病人等抵抗力較弱的人。

●毛囊蠕形蟲症

症狀

・眼睛、嘴巴四周或腳尖處出現掉毛　・掉毛部位變得紅腫
・患部發紅卻不癢

原因

毛囊蠕形蟲又稱作「毛囊蟲」或「蠕形蟲」，是一種健康狗狗身上也有少量寄生於毛孔中的蟎蟲。然而，一旦皮膚的免疫力下降，毛囊蠕形蟲便會極端繁殖而引發皮膚問題。

症狀大多出現在眼睛、嘴巴四周或腳尖處，但若病情加重，全身都會出現症狀。務必謹記的是，中高齡犬若感染了毛囊蠕形蟲，背後往往潛藏著嚴重的疾病。

治療

有幾種跳蚤蟎蟲專用的口服預防藥物在毛囊蠕形蟲治療上效果顯著。

●疥癬症

症狀

- **有嚴重的搔癢感**
- **出現掉毛**
- **出現皮屑或結痂**

原因

這是因為名為疥癬蟲（Sarcoptes scabie）的蟎蟲寄生而引發皮膚問題的一種疾病。疥癬蟲有多種類型，在狗狗身上較為常見的是疥蟎。是直接或間接接觸到已遭感染而有疥癬蟲寄生的狗狗或狸貓而發病。另有在家居用品店接觸到寵物專用推車而感染的案例。

治療

使用驅蟲藥徹底驅除寄生的蟎蟲。會奇癢無比，所以狗狗有時會在身體抓撓出傷口而從該處引發細菌感染等。須綜合症狀逐步進行治療。

疥癬蟲也會傳染給人類，務必格外小心。不過其宿主特異性高，所以不會寄生在人類身上。

●耳疥癬

症狀

- **耳垢發黑且散發惡臭・頻頻抓撓耳朵**
- **經常微幅晃動頭部**

原因

這是因為感染耳疥蟲（又稱作耳蟎，以耳垢為食並在耳中產卵繁殖）而在外耳道引起發炎的一種疾病。經由與有耳疥蟲寄生的狗狗等接觸而感染。

治療

診斷為耳疥癬後，須清洗耳道內部，同時使用驅蟲藥驅除蟎蟲。然而，驅蟲藥對蟎蟲卵無效，因此應間隔一段時間分多次驅蟲。此外，有時還須根據外耳炎的狀態，投以抗生素或消炎藥等。這種疾病可透過治療徹底根治，不過所費時間會因病況而異，耐心地持續治療至關重要。

●馬拉色菌外耳道炎

症狀

- **耳朵發癢　・耳內髒兮兮**
- **耳內散發惡臭**

原因

馬拉色菌——一種酵母類真菌（黴菌），是正常皮膚裡也會有的常在菌——因為某些因素而在耳內過度繁殖，從而引起發炎的一種疾病。據說馬拉色菌是外耳炎（139頁）較常見的病因。此菌喜歡脂肪，因此皮脂分泌旺盛的狗狗須格外留意。

治療

與外耳炎的治療一樣，皆須先進行必要的檢查，若確定是馬拉色菌所致，則投以抗真菌藥物。如果只是輕微發炎的程度，有時只須清洗耳朵並觀察後續狀態。

●食物過敏

症狀

- **出現發癢或掉毛**
- **出現慢性軟便或腹瀉**
- **出現慢性嘔吐**

原因

這是一種對特定食物產生過度的免疫反應，從而引發皮膚炎、腹瀉與嘔吐等問題的疾病。會引發過敏反應的大多是鮮奶、乳製品、雞蛋與雞肉等蛋白質，不過也有可能是防腐劑、染色劑等食品添加物等所引起。

治療

逐步實施飲食療法。首先應先進行排除飲食測驗以查明致敏的食物成分。如果一直以來都是餵食狗糧，則應停止供應至今所吃的所有食物，改餵食過敏專用處方食品或不含過敏原的狗糧，並觀察一到兩個月左右。

症狀有所緩和後，仍應繼續遵從獸醫的指示。也有可能在出生後二到三個月就發病，不過大多發生在一歲左右，所以務必格外留意。

為什麼會發生過敏？

過敏的機制是免疫系統對於本應無害的物質產生過度反應而引發問題。會引發過敏的物質即稱為過敏原。一旦身體對可能為過敏原的物質產生反應（過敏反應），那麼下次若有同樣的物質再度進入體內，便有可能引發皮膚炎而造成發癢與炎症等。

目前尚未釐清對免疫作用造成異常的原因。

好發於成犬的疾病

四歲至七歲左右，皮膚屏障功能也已經完成，是皮膚最為強健的時期。若在這個時期出現皮膚異常，詳細查明原因至關重要。

● 脂漏性皮膚炎

症狀

- **皮膚發黏**
- **皮屑**
- **發癢或掉毛**

原因

這是一種因為發揮著保護皮膚並預防乾燥之作用的皮脂過度堆積而引發皮膚問題的疾病。

病因繁多，不過一般認為可能的情況有二，一是天生皮脂分泌過剩，或是其他疾病所引起。

治療

除了一週內進行一到兩次定期的藥用泡泡浴外，搔癢嚴重的情況下還須利用止癢等塗抹藥物來治療。如果有致病的疾病，也應加以治療。

容易隨著年齡增長而惡化，因此若有皮膚發黏的疑慮，務必盡早採取應對之策。

● 趾間炎

這是一種趾間或肉球間出現發炎症狀的疾病。有些是在散步途中腳卡了沙子或碎石等異物所致，有些主要是因為過敏或異位性體質（詳情請參照１４３頁）。

● 馬拉色菌皮膚炎

症狀

- **皮膚發黏**
- **出現皮屑**
- **出現發癢或掉毛**

原因

這是因為馬拉色菌這種酵母類真菌（黴菌）異常增加而引發皮膚問題的一種疾病。馬拉色菌為常在菌之一，但若皮脂增加，便會以皮脂為食而增生。

治療

為了減少過度增生的馬拉色菌數量，除了餵食抗真菌藥物外，還須透過藥用泡泡浴等來洗去成為馬拉色菌食物的皮脂。泡泡浴的頻率等則應遵從獸醫的指示。

● 免疫性皮膚炎

症狀

- **皮膚發紅**
- **出現水泡或皮屑**
- **出現掉毛**

原因

這是因為自體免疫異常而引起皮膚問題的一種疾病。包括天皰瘡、紅斑性狼瘡、無菌性節結性脂層炎、皮膚血管炎等。一般認為是遺傳性要素、藥物或紫外線等原因所致，但尚未釐清。

治療

投以類固醇或免疫抑制劑等。若出現細菌的繼發性感染，則須服用抗生素。

●過敏性皮膚炎

症狀

- **皮膚發紅**
- **出現發癢或掉毛**
- **皮膚變厚且粗糙**

原因

正如133頁所介紹的，這是因為身體對引發過敏的物質（過敏原）產生免疫反應而引起皮膚問題的一種疾病。可能的過敏原不盡相同，主要有花粉、室內灰塵、跳蚤、食物、藥物、腸道寄生蟲等。

治療

透過過敏測驗來檢查引發皮膚症狀的過敏原已經成為治療的一環。若能將過敏原的範圍縮小至一定程度，便可盡量從環境中逐一排除過敏原。

此外，若伴隨著搔癢，則須服用止癢藥。

好發於高齡犬的疾病

到了七歲以後，抵抗力會隨著年齡增長而逐漸下降，因此會和幼犬時期一樣，愈來愈常因傳染病而引發皮膚問題。此外，有時也會受到荷爾蒙系統等疾病影響而出現皮膚異常。

●甲狀腺機能低下症

這是因為甲狀腺激素功能衰退所引起的一種疾病。掉毛是較具代表性的症狀之一。掉毛多出現在軀幹或尾巴部位。特徵在於掉毛呈左右對稱，且無太嚴重的搔癢感。此外，掉毛部位有時還會出現色素沉澱。如果患有繼發性脂漏性皮膚炎，則會逐漸出現搔癢感（詳情請參照98頁）。

●腎上腺皮質機能亢進症

腎上腺皮質激素分泌過度所引起的疾病。掉毛呈左右對稱為症狀之一。掉毛多出現在軀幹或尾巴部位，掉毛部位的皮膚則會變薄到血管隱約可見。有時還會引起繼發性膿皮症或毛囊蟎形蟲症等皮膚病（詳情請參照99頁）。

●跳蚤過敏性皮膚炎

症狀

- **有嚴重的搔癢感**
- **出現顆粒狀突起物或發紅**
- **出現掉毛**

原因

這是因為被跳蚤叮咬而引起過敏反應，從而引發皮膚問題的一種疾病。年幼時期被跳蚤叮咬也不會出現過敏症狀。若長年反覆遭到叮咬，到了中年時期以後，身體會對跳蚤產生過敏反應而首度發病。

這也是一旦發病就很難根治的疾病。

治療

確定有跳蚤寄生後，首要之務便是驅蟲。此外，應綜合發炎狀態使用消炎藥等。

從幼犬時期開始確實使用跳蚤殺蟲劑便可預防這種疾病，因此務必在定期預防跳蚤上費些心思。

●膿皮症

葡萄球菌為皮膚上的常在菌，這種疾病則是因為某些因素導致皮膚屏障功能衰退而引起皮膚發炎。不僅限於免疫力低下的嬰幼犬，在高齡犬身上也很常見，所以務必格外留意（詳情請參

照142頁）。

● 真菌病

這是因為真菌（黴菌）感染而引發皮膚問題的一種疾病。這種皮膚疾病好發於皮膚免疫功能尚未完成的嬰幼犬，不過隨著老化而免疫力逐漸下降的高齡犬也很容易罹患此病。從平日勤加清掃狗狗常待的房間或飼育籠以保持清潔也很重要（詳情請參照131頁）。

● 毛囊蟎形蟲症

毛囊蟎形蟲為皮膚上的常在菌之一，在狗狗的免疫力下降時會繁殖而引發皮膚問題。也是常見於高齡犬的皮膚疾病之一。然而，倘若年老才出現毛囊蟎形蟲症且細菌感染所引發的皮膚病遲遲未癒，則有必要懷疑可能是潛藏著惡性腫瘤或重度內臟損害等嚴重的疾病（詳情請參照131頁）。

● 皮膚腫瘤

症狀

- **皮膚上出現腫塊**
- **有什麼東西鼓起來**

原因

所謂的腫瘤，是指「疙瘩」、「腫包」或「腫脹」等。有時會稱作「腫塊」。在還稱作腫塊的階段，還無法釐清是單純的皮膚發炎還是良性或惡性腫瘤。至於是因為什麼原因而形成腫塊，有時很難單憑其外觀來判斷。

治療

必須查清腫塊的真實性質以便治療。採集組織樣本，進行以顯微鏡觀察的細胞學檢查等來進行判斷。懷疑是腫瘤時，則應詳加檢查以確認是良性還是惡性。發現類似腫塊的東西時，千萬不要弄破。此外，也有不少案例是飼主帶來就診時表示「雖然發現了米粒大的腫塊，但看狗狗不會痛便想著先觀察狀況，沒想到變得這麼大」，結果為時已晚，所以發現腫塊時立即檢查是很重要的。

耳朵的構造

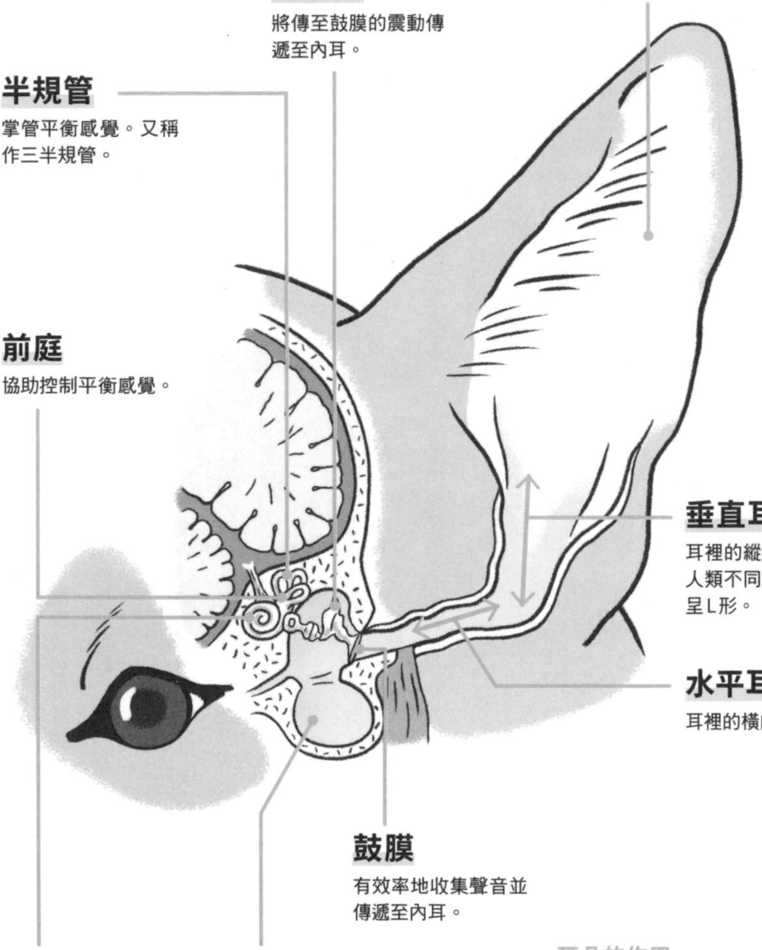

耳殼
具有收集聲音、散熱作用與通訊等各種功能。

聽小骨
將傳至鼓膜的震動傳遞至內耳。

半規管
掌管平衡感覺。又稱作三半規管。

前庭
協助控制平衡感覺。

垂直耳道
耳裡的縱向孔道。與人類不同，特色在於呈L形。

水平耳道
耳裡的橫向孔道。

鼓膜
有效率地收集聲音並傳遞至內耳。

耳蝸
將聲音傳送至中樞神經的器官。

鼓室胞
充滿空氣的空間，用以傳遞聲音。

耳朵的作用

- **為出色的聲音收集器。**
- **表達感情。**

外耳炎

症狀

- **耳朵發癢、疼痛**
- **耳內髒兮兮且發臭**
- **耳朵入口處發紅、腫脹且變窄**

原因

這是**耳朵入口至鼓膜前這條外耳道上出現發炎症狀**的一種疾病。可能是耳疥癬（耳蟎）、馬拉色菌、細菌、過敏、異位性體質、荷爾蒙異常等原因所致。患有膿皮症（142頁）的情況下也很容易引發此病。

有著大立耳的柯基犬有時是在**散步途中進入草叢而有草籽等異物跑進耳裡所引起**。是好發於秋冬季節的耳朵疾病，發病不久後便會劇烈疼痛。隨著時間的推移，還有可能在耳朵深處引起發炎而逐漸化膿。

治療

只是耳內髒汙且耳垢變多還稱不上是外耳炎。必須是耳道腫脹且變色，或是檢測出耳垢裡有細菌、馬拉色菌、耳疥癬等，才是外耳炎。

如果耳朵沒有腫脹且耳垢未檢測出任何東西，便只是單純的耳垢，洗淨耳朵即可。首要之務是**透過耳垢檢查來查明是什麼原因所致**。

若能進行耳鏡檢查，則應檢測耳道內是否有發炎、異物、腫塊，以及鼓膜是否正常。綜合原因與症狀來進行治療至關重要。

中耳炎・內耳炎

症狀

- **症狀幾乎與外耳炎一致。有時會隨著病情惡化而出現頭部傾斜、痙攣或麻痺等神經症狀。**

原因

這是鼓膜深處的**中耳、甚至是更裡面的內耳出現發炎症狀的一種疾病**。大多是因為外耳炎的炎症突破鼓膜而擴散至中耳。有時是鼻腔或口腔內的炎症穿過鼻管所引起，有時則是過敏所致。有時甚至是中耳炎惡化而發展至內耳。

治療

基本上與外耳炎一樣，須綜合原因與症狀進行治療。

倘若中耳炎並未改善，則應在全身麻醉的狀態下，將細導管插入中耳內，徹底清洗乾淨。反覆重複清洗多次後，靜待鼓膜修復也是一種方式，病情嚴重的情況下，必須進行全耳道摘除或鼓室胞切開等手術。

開始治療就立即好轉的病例並不多，有時甚至須耗費好幾個月時間。

耳血腫

症狀

- **耳殼部位鼓起而腫脹**
- **頻頻在意耳朵**
- **討厭被碰觸耳朵**

原因

耳殼部位有兩片薄軟骨，之間有血管。**這種疾病即因某些原因導致軟骨斷裂，血液或血狀漿液積聚而耳殼腫脹**。原因大致區分為兩種，一種是耳朵被重擊或被其他狗啃咬等物理性因素，另一種則是免疫系統異常所引起。

治療

若置之不理，會引發耳殼軟骨萎縮、因腫脹使外耳道變窄而導致外耳炎惡化等各種問題，因此**必須及早治療**。

如果症狀輕微，**可利用針等取出積聚於耳殼的血液或漿液，並注射類固醇藥劑**。有時還會讓狗狗服用消炎藥。若排出積液後仍病情反覆，則可能需要進行切開手術。

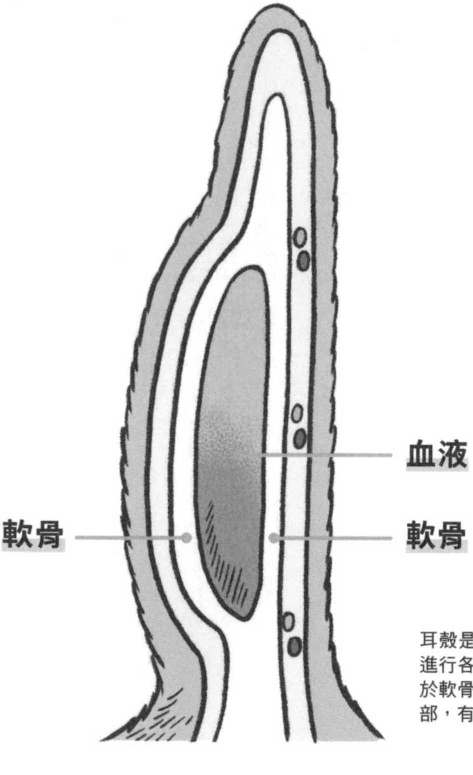

耳殼是由2片薄軟骨所組成而得以進行各種動作。耳血腫即血液積聚於軟骨之間所致。有時是積聚於局部，有時則是積聚於整個耳朵。

耵聹腺癌

症狀

- **耳內髒兮兮且發臭**
- **耳朵發癢、疼痛**
- **外耳炎遲遲難以治癒且反覆復發**
- **斜頸症、水平性眼球震顫（前庭疾病）**
- **顏面神經麻痺**

原因

這是一種在耳內分泌耳垢的**耵聹腺上長出惡性腫瘤的疾病**。與耳外腫瘤一樣，原因尚未釐清。

這種腫瘤在耳道內的浸潤性強，也會逐漸浸潤內耳與腦部。有時還會進而轉移至下顎淋巴結或腮腺，甚至轉移至全身。

治療

除了耳垢檢查與耳鏡檢查外，還須因應需求進行X光或CT檢查、MRI檢查、病理組織檢查等，逐步判斷是良性還是惡性。

綜合長出腫瘤的位置、大小與惡化狀態等，選擇全耳道摘除術等手術技術，**透過外科手術大範圍切除腫瘤部位**。

如果無法徹底摘除，手術後有時還要結合放射線治療。

與其他腫瘤一樣，這種疾病也比較容易發生在年齡增長的高齡犬身上。

膽脂瘤

症狀

- **耳內髒兮兮且發臭**
- **耳朵發癢、疼痛**
- **外耳炎或中耳炎遲遲難以治癒且反覆復發**

原因

這是因鼓膜局部往中耳側凹陷，**導致耳垢等堆積於呈袋狀的部位而腫脹鼓起的一種疾病**。病名是因為鼓起部位形似白色珍珠而得名。

原因尚未釐清，不過如果一再發生慢性外耳炎或中耳炎等，則懷疑患有此病。

治療

除了耳垢檢查與耳鏡檢查外，還須先因應需求進行X光或CT檢查、病理組織檢查等。基本上會**採取外科治療，摘除膽脂瘤的部位**。

膽脂瘤會長在耳朵深處，因此飼主僅從外觀查看無從得知。關鍵在於只要覺得愛犬的狀態有些微異常，就應盡快送往動物醫院就醫。

好發於柯基犬的疾病

膿皮症

症狀

- 出現紅色或黃色的疹子
- 皮膚如皮屑般剝落
- 出現圓形掉毛

原因

這是因為某些原因導致皮膚屏障功能衰退，**細菌在皮膚內繁殖而引發皮膚炎的一種疾病**。症狀會因皮膚發生細菌感染的深度而有所不同。

狗狗的皮膚表面經常存在葡萄球菌。健康時，細菌不會造成不良影響，但若因為某些原因導致皮膚屏障功能降低，原本受到抑制的細菌會開始繁殖，從而引發全身性膿皮症。

據說皮膚屏障功能完成於四歲，**因此未滿四歲的狗狗罹患膿皮症也無需太擔心**。

然而，**四歲以上且屏障功能已完成的狗狗若罹患全身性膿皮症，必須注意為什麼這個年齡會發生膿皮症**。一般認為可能的原因包括嚴重的精神壓力、慢性內臟疾病、免疫異常、過敏、跳蚤或疥癬之類的寄生蟲等。此外，高齡犬也有可能因為甲狀腺機能低下症或庫欣氏症候群等內分泌疾病、糖尿病或惡性腫瘤等而引起。

治療

有些情況下僅憑視診便可以判定為膿皮症，不過若是所謂的表皮小頸圈這種發生在淺層部位的膿皮症，有時會誤認為是真菌感染，因此可能需要進行皮膚檢查加以判別。

若診斷為膿皮症，**應在獸醫的指示下使用具抗菌作用的藥用泡泡浴**。無法採取泡泡浴治療的狗狗則投以對致病的葡萄球菌有療效的抗生素。然而，近年來出現抗藥性細菌的問題，因此往往會先進行抗生素敏感性試驗，再使用適當的抗生素。

一般會讓狗狗服用一到兩週，如果未見改善則必須重新審視用藥並查明原因。

4歲以上的病例
須格外小心。

好發於柯基犬的疾病

趾間炎

症狀

- 頻頻舔腳
- 腳趾或肉球之間發紅
- 行走方式與平常有異

原因

這是一種**趾縫間出現發炎症狀的疾病**，亦包括腳底肉球之間的發炎。病因繁多，不過主要是異物、過敏、接觸性皮膚炎（泥土、草、泡泡浴劑沖洗不充分等）、細菌、馬拉色菌、毛囊蟎形蟲等所致。

其中最常見的是異物反應。這類案例是狗狗因為在散步途中沙子或碎石等異物卡在趾縫間，或被植物的刺扎傷等，**為了自行清除異物而不斷舔腳，結果舔破了皮膚**。此外，卡著異物也會對皮膚施加物理性的壓迫，從而引起炎症。

如果是異物或細菌所致，只會在一處引起發炎，但若是過敏、接觸性皮膚炎、馬拉色菌、毛囊蟎形蟲等原因所引起，則會多處或全部趾縫間都出現症狀。假如是過敏，通常不僅限於足部，連眼睛、嘴巴周圍、腹部周圍等其他部位也會出現症狀。

治療

治療方式依發病原因而異，不過基本上**是透過藥用泡泡浴劑加以清洗或塗抹消炎藥**。

若判定異物已進入皮下，有時須透過手術取出。

散步回家後，費些心思仔細檢視足部將有助於預防。

動物醫療中所導入的東洋醫學

可以做到未病先防的東洋醫學既不會對身體造成負擔又沒有副作用，簡單又安全。在此將焦點放在有助於提高免疫力並維持健康的東洋醫學！

如今狗狗的壽命有飛躍性的延長，許多狗狗都飽受隨之而來的生活習慣病與老化現象所苦也是不爭的事實。西洋醫學是以科學為基礎，進行各種檢查，查明疾病並加以治療。針灸、穴位療法、中藥等東洋醫學則對身體較為溫和且可提高自然自癒力，可作為西洋醫學的補強或替代醫療而備受關注。不僅如此，人們還開始致力於結合西洋醫學與東洋醫學的「整合醫療」。

導入在緩解壓力、節食、提高免疫力與防止老化等方面也頗有效果的東洋醫學，應該可期望有助於提升日常生活品質與維持健康。

目前已有愈來愈多動物醫院導入東洋醫學，不過切記先向固定就診的獸醫諮詢。

■穴位療法

狗狗身上有七百個穴位，錯落分布在遍布體內且有能量循環的經路上。據說按壓或撫摸這些穴位可以對病變部位造成刺激而有所改善。溫暖身體、抑制興奮、消除壓力、止癢或提高免疫力等，根據目的刺激相應的穴位即可。穴位療法只要持續每天一到兩次、循序漸進便可見效。然而，倘若愛犬身體不適或受傷，則應暫緩。

■針灸治療

據說針灸治療對一些在西洋醫學中治療仍遲遲未見起色的某些特定疾病是有效的。針法對於因椎間盤突出症而無法站立、因髖關節發育不良或髕骨脫臼所造成的疼痛等也能發揮效果。最近以雷射光照射穴位的雷射針灸治療也備受關注。

此外，灸法則是透過間接對穴位施加熱刺激的溫灸來治療，對於消除疲勞、調整免疫力與止痛等也很有效。

重要的是，無論採取何種療法，都務必與固定就診的獸醫討論，而非自行判斷便展開治療。

第11章

傳染病

本章節彙整了病毒、細菌、真菌與寄生蟲等所引起的傳染病。病毒與寄生蟲的傳染大多可透過施打疫苗或預防注射加以預防。務必做好預防措施是飼主的義務與責任。

病毒感染

此章節所介紹的病毒傳染病一旦發病，大部分都沒有專治該病毒的治療藥物。

然而，這些都能透過疫苗接種來預防。請務必與固定就診的動物醫院諮詢疫苗接種事宜，努力做好預防措施。

●犬小病毒感染症

症狀

- **嚴重腹瀉與嘔吐**
- **元氣盡失、衰弱**
- **有時會發燒**

原因

經由已發病狗狗的糞便、嘔吐物或接觸而感染。除此之外，也會經由遭到汙染的飼主衣物、手、地板與地毯等而感染。據說這種病毒可在環境中存活數月，有可能沾附在人類鞋子上而被運送到各種地方。是好發於幼犬且傳染力與致死率都很高的疾病。

治療

尚無可以有效治療犬小病毒的藥物。為了讓因腹瀉或嘔吐而衰弱的狗狗恢復體力，應進行對症治療，比如輸液或服用止吐劑等。

●犬冠狀病毒感染症

症狀

- **腹瀉、嘔吐**
- **食慾不振**
- **病情輕微的話，有時會無症狀**

原因

經由已發病狗狗的糞便、嘔吐物或接觸而感染。如果是抵抗力佳的成犬，可能症狀較輕微，若是抵抗力較差的幼犬則容易演變成重症。若引起細菌或腸道寄生蟲的併發症，也有可能危及性命。

冠狀病毒也分為多種類型，這種疾病與新型冠狀病毒截然不同。

治療

尚無專治此病毒的藥物，因此應進行輸液或服用止吐劑等對症治療以恢復狗狗的體力。

有些情況下須投以抗生素來預防細菌感染。

●犬瘟熱

症狀

- **發燒、流鼻水、咳嗽**
- **腹瀉、嘔吐**
- **痙攣**

原因

經由已發病狗狗的糞便、鼻水、唾液與接觸等而感染。犬瘟熱為傳染力強的病毒之一。幼犬或高齡犬等抵抗力弱的狗狗較容易感染，發病後的致死率也很高。

初期階段的症狀很像感冒而容易

忽視。在幼犬身上還有可能突然引發痙攣等神經症狀。如果是高齡犬，隨著病情逐漸惡化，除了神經症狀外，還會出現陷入憂鬱狀態等腦炎症狀。

治療

尚無專治病毒本身的治療方式，因此發病後會以對症療法為主。進行營養與水分補給等來幫助狗狗恢復體力，同時根據症狀投以抗菌劑或抗生素等。

●犬傳染性肝炎

症狀

- **發燒、流鼻水**
- **嘔吐、食慾不振**
- **黃疸、浮腫**

原因

因為感染犬腺病毒一型而引發各種症狀。有不少案例是因為已發病狗狗的咳嗽、噴嚏與鼻水等飛沫跑進嘴裡而感染。

有一天內就猝死的、引起肝臟發炎的、乃至未出現症狀的，症狀不一而足。未滿一歲的幼犬容易演變成重症，有時會危及性命。

治療

與其他病毒傳染病的疾病一樣，這種疾病也尚無專治此病毒的有效治療方式。主要會進行協助肝臟再生與功能恢復的對症治療。

●犬舍咳

症狀

- **運動後或興奮等時候會持續乾咳**
- **發燒、流鼻水**
- **呼吸急促而痛苦**

原因

這是因為多種病毒或細菌單獨或混合感染所引起的一種疾病。犬腺病毒二型與犬副流行性感冒病毒為主要致病原因。經由已發病狗狗的咳嗽、噴嚏與鼻水等飛沫所傳染。

大多發生在有成群狗狗居住的犬舍（狗舍）中，且主要症狀為咳嗽，因而得此病名。

治療

尚無專治此病毒的有效治療方式，因此須綜合症狀來進行對症治療。

若涉及細菌感染，則應投以抗生素，咳嗽嚴重的話則服用止咳藥劑或進行吸入療法。

●狂犬病

症狀

- **出現躲在暗處或因聲音受驚嚇等異於往常的行為**
- **口水流不停**
- **變得凶暴**
- **痙攣**

原因

因感染狂犬病病毒所引起的疾病。可感染包括人類在內的所有哺乳類，只要被已發病的狗狗或野生動物咬到，不光是狗，連人也會被感染。

根據咬傷部位，一般一到兩個月會發病，有些情況下需要數月或更長時間才發病。據說咬傷部位愈接近腦部愈早發病，且發病後幾乎100％會在二至三天內死亡。

治療

目前尚無狂犬病的治療方式。遺憾的是，發病後不會進行治療，而是選擇安樂死。

人類若被疑似患有狂犬病的狗狗咬傷，應立即用水清洗傷口並盡快接種暴露後預防疫苗。以施打日為0，按第3、7、14、30、90日的既定時間表接種六次。

在日本，根據狂犬病預防法，所有犬隻有義務每年接種一次預防疫苗。自一九五七年以來，日本國內便無發病案例，但國外仍有不少國家爆發狂犬病，因此日本何時再出現病例也不足為奇。

每年接種狂犬病預防疫苗不僅是為了守護愛犬，也是為了保護人類。

細菌感染

細菌性感染也有各種類型。有些細菌不僅會在狗狗之間傳染，還有可能由狗傳染給人，所以必須格外留意。

●布氏桿菌病

症狀

- **雄犬：睪丸、副睪丸與前列腺腫脹，不孕**
- **雌犬：反覆流產**

原因

這是因為感染所謂的犬布氏桿菌所引起的疾病。是一種也會傳染給人類的人畜共通傳染病。狗狗是經由已感染狗狗的尿液、流產時的穢物、乳汁、交配等而感染。人類則是經由接觸已感染狗狗的血液、乳汁、尿液、體液或胎盤而感染。

已感染的狗狗在外表或行為上仍很健康，不會出現一目了然的症狀，因此往往難以察覺。

人類除了會有發燒或關節疼痛等感冒般的症狀外，男性與女性皆可能罹患不孕症，孕婦則有可能流產。

治療

判定已感染布氏桿菌病的狗狗並無有效的治療方式，因此基本上會建議採取安樂死措施。若無論如何都希望避免安樂死，便只能將狗狗徹底隔離。

至於人類方面，抵抗力下降的人、孕婦或有計畫生育的男女、兒童與老人等皆務必格外小心。

●鉤端螺旋體病

症狀

- **甚急性型：發燒、顫抖、口腔內或黏膜出血**
- **黃疸型：甚急性型所出現的症狀，再加上嚴重的黃疸**

•**急性型：嘔吐、脫水與呼吸困難**
•**亞急性：腎炎症狀**

原因

這是因為鉤端螺旋體菌而引發的疾病。是一種也會傳染給人類的人畜共通傳染病。帶菌的老鼠會將細菌排出至尿液中，這些尿液會混進河川、池塘或水坑等處，狗狗喝下遭汙染的水或舔了踩到水的腳而感染的案例不在少數。如果是甚急性型（顯示出的病程最為劇烈），幾小時至幾天內便會致死。

據說這種疾病有地區性，好發於關東以南的溫暖地區（四國或九州地區），但在關東北部偶爾也有發病案例，因此仍須格外留意。

人類也一樣，是接觸到遭細菌汙染的尿液等所致。出現在人類身上的主要症狀包括發燒、肌肉痠痛、頭痛、發冷、喉嚨痛、噁心、嘔吐、腹瀉等。

治療

是細菌引起的感染，因此投以抗生素來治療。鉤端螺旋體病有疫苗可接種。含括在混合疫苗中，因此可根據居住地區或生活方式（常去山區或有水的地方等）事先接種疫苗，將有助於預防。

●葡萄球菌

症狀

•**若因某些原因而異常增生，會引發皮膚問題**

原因

葡萄球菌是從健康時就存在於狗皮膚的細菌之一。基本上在健康時並不會引起什麼問題。在免疫功能異常、內分泌系統疾病、過敏性皮膚炎、惡性腫瘤等導致皮膚防禦功能衰退的情況下，才會因為過度繁殖而引發問題。膿皮症（參照142頁）便是葡萄球菌所引起的疾病。

治療

治療方式同膿皮症（參照142頁）。

●曲狀桿菌症

症狀

•**攝入被細菌汙染的食品或水而引起嘔吐或腹瀉**

原因

曲狀桿菌是會引起腹瀉等腸炎的細菌之一。除了攝入被細菌汙染的食品或水外，接觸到帶菌動物的排泄物也會感染。

感染後大多不會出現症狀，不過抵抗力弱的幼犬或因疾病、壓力等而免疫力下降，則會引起腸炎症狀。是一種人畜共通傳染病，人類感染後的主要症狀也是腹瀉、嘔吐等消化器官症狀或腸胃炎。

治療

綜合症狀來進行治療。有些情況下僅服用抗菌劑便可康復，但若因腹瀉或嘔吐而有脫水症狀，還須進行輸液或營養補給等對症治療。

●大腸桿菌

症狀

- **遭到細菌感染而引起腹瀉或嘔吐等腸炎症狀**

原因

大腸桿菌是存在於人類等哺乳類腸內的細菌之一。種類繁多，大部分不具致病性而無害，不過有部分大腸桿菌會引起腹瀉或嘔吐等消化器官症狀。

攝入被大腸桿菌汙染的食物或飲水，會引起腹瀉或嘔吐等。

這是一種也會傳染給人類的人畜共通傳染病。人類也會出現腹瀉或嘔吐等消化器官症狀。清理完已感染狗狗的排泄物後，別忘了洗手。

治療

除了投以抗菌劑外，因腹瀉或嘔吐而出現脫水症狀時，還須進行輸液或營養補給等對症治療。

●巴斯德桿菌症

症狀

- **在狗狗身上不會出現症狀**

原因

據說約75％的狗狗與幾乎１００％的貓身上都帶有巴斯德桿菌，這是一種口腔內常在菌。

貓狗身上即便有這種細菌也不會造成任何問題或引發任何疾病。這種疾病是經由帶菌的貓狗傳染給人而出現某些症狀。

是經由被貓或狗咬傷、抓傷或舔舐等接觸感染所引起。主要症狀包括皮膚化膿、淋巴瘤腫脹、呼吸器官症狀、耳炎、副鼻竇炎等。

治療

投以對巴斯德桿菌頗為有效的抗菌藥來治療。健康的人不容易罹患這種屬於機會性感染的疾病，所以並非所有人都會感染。

然而，即便是愛犬，只要被咬而傷及皮膚，就算只是雙氧水也好，應立即進行消毒。隨後最好盡快到醫院請醫生開立抗生素處方。

若覺得稀鬆平常並無大礙而置之不理，有時會危及性命。

真菌感染

真菌指的便是黴菌。黴菌也有各種類型，感染後所引發的問題以皮膚居多。此外，有些會經由狗傳染給人，因此最好格外小心。

●皮癬菌

症狀

- **出現圓狀掉毛**
- **掉毛周圍出現皮屑**
- **隨著症狀惡化而出現搔癢感**

原因

在真菌病（１３１頁）中也已介紹過，這是因為一種名為皮癬菌的黴菌在皮膚上引發的問題。

經由與已感染狗狗的接觸或土壤而感染的案例不在少數。在愛犬發病的情況下，飼主感染的風險也會增加，因此必須格外留意。

治療

同真菌病（參照131頁）。

●念珠菌

症狀

- **因為某些原因而增生，從而出現發燒、皮膚的多形性紅斑或出血斑**
- **膀胱炎**

原因

念珠菌是一種黴菌，經常存在於狗狗的皮膚中。當幼犬、高齡犬或患病的狗狗等抵抗力較弱時就會增生。念珠菌性膀胱炎偶爾會出現在狗狗身上。

倘若發病了，必須探究為何會出現念珠菌。以人類的情況來說，主要感染源是接觸到已感染的狗狗。人類的症狀與狗狗一樣，都會出現發燒、皮膚的多形性紅斑或出血斑等。

治療

須綜合症狀進行治療。除了投以抗真菌劑外，還應同時採取藥用泡泡浴。

寄生蟲感染

寄生蟲可根據寄生於身體哪個部位大致區分為兩大類。寄生於身體表面的跳蚤、蟎蟲等為體外寄生蟲。寄生於身體內部的蛔蟲、絲蟲等則稱為體內寄生蟲。

●真蜱傳染病

症狀

- **貧血、發燒、食慾不振**
- **若為急性，會出現黃疸，有時甚至會衰弱致死**

原因

有別於棲息於家庭內的蟎蟲，真蜱是棲息於有草木之處的大型蟎蟲。一旦寄生於哺乳類的皮膚，便會緊咬不放而垂掛其上，並吸血直到身體變為平常的一百倍大。

也會直接感染並且寄生於人類身上。最近還有報告指出，會危及性命的「發熱伴血小板減少綜合症（ＳＦＴＳ）」已經出現以真蜱為媒介引起感染症狀而致死的案例。主要症狀為發燒、全身倦怠與消化器官症狀等，不過據說高齡者更容易演變成重症，必須格外留意。

治療

發現狗狗身體上有真蜱附著時，切勿強行取下。真蜱的下顎部位可能會殘留而引起化膿或腫脹，所以務必帶到動物醫院請人處理。

治療包括餵食口服藥物或利用外用藥物來驅蟲。另有預防藥物，務必事先做好預防措施。

●跳蚤傳染病

症狀

- **搔癢、炎症**
- **有時會出現掉毛**

原因

會感染狗狗的跳蚤主要是犬蚤與貓蚤。被寄生的跳蚤吸血後，引發皮膚問題。有些情況下甚至會引起跳蚤過敏性皮膚炎（參照１３６頁）。

也會感染人類，與狗狗的情況一樣，主要症狀為搔癢與紅斑等皮膚炎。抓撓可能會讓細菌從傷口入侵而引起繼發性感染。

治療

治療除了投以止癢等口服藥物或外用藥物外，如果有發炎，還須使用抑制炎症的藥物，以及用以驅除跳蚤的殺蟲劑。倘若引起繼發性感染，則須服用抗生素等。

定期使用驅除跳蚤的預防藥物並讓愛犬的生活區域維持清潔，將有助於預防。

●絲蟲病

症狀

- **元氣盡失、食慾減退**
- **咳嗽、呼吸困難**

- **隨著病情惡化而腹部日益鼓脹**
- **一興奮就昏厥**
- **血尿、咯血**

原因

絲蟲（犬心絲蟲）是以蚊子為媒介加以傳播的寄生蟲。寄生於狗狗的肺動脈或右心房而導致動脈硬化，進而影響到心臟、腎臟、肝臟與肺臟等。

一般較常見的是慢性型，不過也有急性型。有些情況下會突然元氣盡失而疲憊無力、吐血或排出紅褐色尿液，大約一週內便一命嗚呼（詳情請參照91頁）。

治療

如果是急性，須透過緊急手術取出心臟內的絲蟲。如果是慢性，則利用驅蟲藥驅除寄生的絲蟲。無論是哪一種，肺動脈高血壓症或右心衰竭等血管或心臟等處所受到的損傷都難以恢復如初。

與跳蚤或蟎蟲一樣，亦可透過預防藥物的運用來事先預防絲蟲。蚊子的繁殖期會因地區而異，因此應遵從固定就診的動物醫院所指示的時間餵藥。

重要的是，每年開始餵藥前都務必先接受一滴血便可測出的絲蟲成蟲抗原檢測。

●體內寄生蟲

體內寄生蟲的種類繁多，有寄生於腸內的、寄生於肺臟的，乃至寄生於肝臟或腎臟的。

大多有可能從狗狗轉移至人類身上，傳給人類的感染途徑多為經口傳染。大部分可透過定期驅蟲與糞便檢查來預防，所以務必在這方面多費心。

主要的體內寄生蟲

寄生蟲名稱	狗狗的症狀	原因	人類感染的途徑	人類感染後的症狀
犬蛔蟲	嘔吐、腹瀉、食慾不振。	懷孕期間胎盤遭感染、經由已感染狗狗的糞便感染。在出生4個月後的狗狗身上無法長成成蟲，但是狗狗懷孕後便會成長，幼蟲則透過胎盤感染胎兒。	透過排泄物經口感染。	發燒、咳嗽、肌肉痠痛、關節痛、倦怠感、肝功能異常、轉移至眼睛而導致視力退化、轉移至腦部而引發痙攣等。
犬鉤蟲	腸道組織受損所引起的出血、貧血、消化器官損傷所引起的腹瀉等。	除了透過已感染狗狗的糞便經口感染外，有時也會從皮膚侵入體內。	除了透過排泄物經口感染外，有時也會從皮膚侵入體內。	若是從皮膚入侵，會引起皮膚炎。有時還會造成腹瀉或缺鐵性貧血。
鞭蟲	腸道組織受損所引起的腹瀉或出血、嘔吐等消化器官損傷。	透過已感染狗狗的糞便經口感染。	透過排泄物經口感染。	腹瀉或嘔吐。
糞線蟲	腹瀉，若是幼犬則會發育不良、體重減輕。	經由已感染狗狗的糞便等感染並寄生於小腸或肺臟。成犬在有些情況下並無症狀，而幼犬則有時會危及性命。	除了透過排泄物經口感染外，有時也會從皮膚侵入體內。	腹瀉或嘔吐。若是從皮膚入侵，會引起皮膚炎。
瓜實條蟲	腹瀉、與糞便一同排出時會一直在意肛門周圍、寄生蟲混在糞便中。	瓜實條蟲的幼蟲會以遭感染的跳蚤為媒介進入犬隻體內，寄生其中並成長。狗狗通常無症狀。	透過排泄物經口感染。	大多無症狀，幼童則可能出現腹瀉或腹痛。
梨形鞭毛蟲	腹瀉、嘔吐、食慾不振。	透過已感染狗狗的糞便經口感染。	透過排泄物經口感染。	腹瀉或嘔吐。
球蟲	泥狀或水狀的嚴重腹瀉、有些情況下無症狀。	透過已感染狗狗的糞便經口感染。	透過排泄物經口感染。	不會寄生在人身上。
包生條蟲	無症狀。	北海道的北狐為主要感染源，經由與糞便一同排出的蟲卵感染。	透過排泄物經口感染。	肝功能異常。
毛囊蠕形蟲 (P131)	皮膚發炎、掉毛。	平常就寄生於健康狗狗毛孔裡的蟎蟲。一旦因為免疫力下降而繁殖，便會引發問題。	嬰兒時期的接觸感染。	皮膚發炎、掉毛。
疥癬(P132)	奇癢無比、掉毛。	經由接觸疥癬蟲（疥蟲）寄生的狗狗或蟲卵而感染。	接觸感染。	暫時性的嚴重搔癢感與掉毛。不會寄生在人身上。
肉食蟎科	皮屑、搔癢。	經由接觸肉食蟎科寄生的狗狗而感染。成犬大多為輕症，幼犬容易演變成重症。	接觸感染。	嚴重搔癢感與疼痛。
結膜吸吮線蟲	重度結膜炎、淚水增加、瞬膜發炎、眼屎增加。	寄生於眼瞼或瞬膜背面的線蟲。以一種名為眼潛蠅的昆蟲為傳播媒介。舔舐眼淚或眼屎而感染。	接觸感染。	淚水增加、結膜炎、瞬膜發炎、視力受損等。

第 12 章

腫瘤

腫瘤發生在身體任何部位都不足為奇。本章節除了介紹判定愛犬長了腫瘤時的「腫瘤的應對方式」外，還彙整了飼養柯基犬應事先了解的腫瘤疾病。

腫瘤的應對方式

何謂腫瘤？

腫瘤有良性與惡性之分，惡性腫瘤即所謂的癌症或肉瘤。

如果是良性的，大多不會危及性命，不過其中有些會轉為惡性，有些雖為良性卻出現與惡性相似的舉動。

如果是惡性的，會漸進或急遽地惡化，因此必須採取某些治療。隨著動物醫療的發展，狗狗也逐漸高齡化，腫瘤的發生率也有隨之增加的趨勢。

一般診斷方式

惡性腫瘤的症狀與惡化速度會因其部位或類型而異，有各種治療方式，診斷方式也不盡相同。

大多時候是從察覺狗狗狀況有異而帶到動物醫院這個步驟展開。

在動物醫院進行問診與觸診等，再進行可當場檢查的項目（血液檢查、X光檢查、超音波檢查等）。此時的檢查目的包括：①檢測出腹腔內腫瘤或胸腔內腫瘤、②掌握狗狗的全身狀態、③如果有疑似腫瘤的腫塊，則觀察其大小與內部構造。

在這個階段能夠確切診斷出來的腫瘤並不多。需要更進一步的詳細檢查，而這取決於懷疑的腫瘤類型與症狀的嚴重程度。

首先，通常會進行穿刺組織切片檢查。雖然有些部位是無法插針的，但只要是可以採樣的部位大多都會進行。隨後以採集到的細胞進行細胞學檢查。根據腫瘤的類型，有些當場便可做出診斷，不過也有不少會委託外部檢測中心的病理診斷師，以獲得更明確的結果與資訊。

倘若診斷得出惡性或可能是惡性的結果，須透過ＣＴ檢查或ＭＲＩ檢查來檢視是否已轉移及擴散程度，因此應預約擁有這些設備的醫院來進行檢查。

此外，如果是體表的腫瘤，大多

腫瘤的大致分類

◆**上皮腫瘤**
由上皮細胞所形成的腫瘤

◆**基質細胞瘤**
由脂肪細胞或血管內皮細胞等基質細胞所形成的腫瘤

◆**組織球腫瘤**
由皮膚等組織球細胞所形成的腫瘤

◆**造血系腫瘤**
由產自骨髓內外的淋巴球等所形成的腫瘤

會切取一小部分的腫瘤來進行病理檢查。檢查結果需要等三到七天。

先適當進行這些檢查以確認病名與病程，接著才進入治療階段。

治療方案

如果可以透過外科治療完全切除腫瘤，那便是最好的選擇。

摘除的腫瘤須再次進行病理檢查，並檢視是否已徹底摘除以及轉移的可能性。

綜合最終的病理診斷結果來選擇今後的治療方式。

另有抗癌藥物治療與放射線治療等方式，可擇一或合併使用來進行治療。

務必致力於早期發現並早期治療

惡性腫瘤一旦惡化，治療可能會沒有效果。如此一來，改善的希望便極其渺茫。為了避免這樣的狀況，早期發現至關重要。

管理狗狗的身體狀況並觀察平日的樣子，會更有可能察覺到細微的異常。此外，也有不少案例是透過日常的按摩等而察覺到皮膚等部位的腫瘤。

發現腫塊後，請務必立即就醫。也有不少飼主表示：「明明米粒大時就已經發現了，卻因愛犬並未顯露疼痛之色，便想著先觀察狀況，結果竟轉眼間變得這麼大」。很多病例到了這個階段都為時已晚。

出現可疑症狀而感到有些不安時，就應該帶去給獸醫檢查。只要能早期發現，便可早期治療，也就愈有可能在變得更嚴重前採取醫療措施。

確診腫瘤的範例

❶ 問診與觸診
- 向飼主詢問是何時發現腫塊、腫塊是否有變大等。
- 由獸醫觸摸身體並確認全身。

❷ 進行血液檢查、X 光檢查與超音波檢查等
- 進行當場便於執行的檢查。

❸ 進行穿刺組織切片檢查與病理檢查等
- 將細針刺入腫瘤中採集細胞。
- 少量切取腫瘤，採集細胞的組織。

❹ 委託病理診斷師進行判斷
- 難以判斷時則委託專家。

❺ 進行 CT 檢查與 MRI 檢查等
- 在有設備的醫院進行檢查。

※ 這只是其中一個範例，每家動物醫院所採取的方式各異。

淋巴瘤

症狀

- 淋巴結腫脹
- 食慾不振
- 呼吸困難
- 腹瀉、作嘔
- 發燒

原因

這是由源自全身淋巴結、淋巴組織、肝臟與脾臟等器官的淋巴細胞所形成的腫瘤。原因尚未釐清，不過一般認為可能為遺傳性。**柯基犬的發病案例以六歲以上的壯年乃至老年的狗居多。**

淋巴瘤可大致區分為多中心型、前縱膈型、消化器官型與皮膚型，多中心型在狗狗的病例中占了80%。當咽喉淋巴結逐漸肥大而壓迫到咽頭、食道與氣管等，也有可能引發呼吸困難。

治療

如果是多中心型，透過觸診即可確認。之後再進行血液檢查、X光檢查與超音波檢查等來掌握狗狗的狀態，並進行淋巴結切片檢查。此外，如果有腹水或胸水積液，則須採樣並進行細胞學檢查。通常會**採取多重藥物併用療法來進行治療，即結合各種抗癌藥物來使用**。可透過淋巴結腫脹程度來確認治療效果，因此飼主也可輕鬆掌握。

狗狗主要體表淋巴結的位置

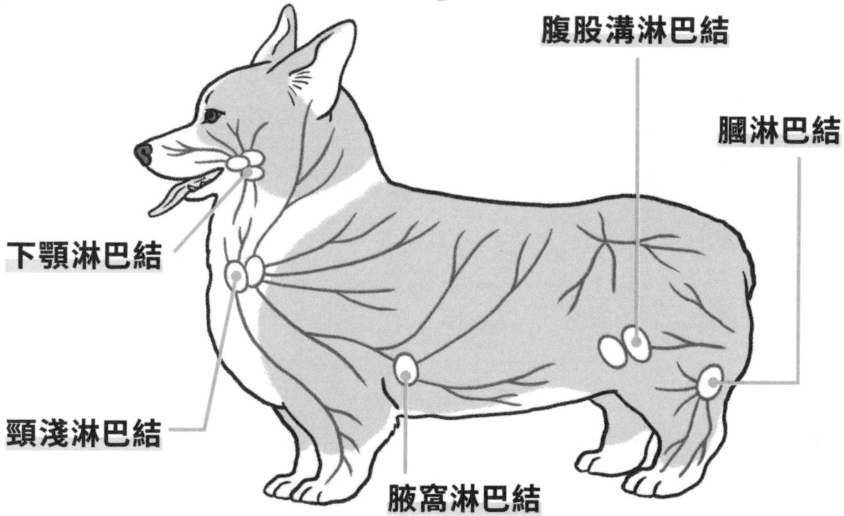

腹股溝淋巴結
膕淋巴結
下顎淋巴結
頸淺淋巴結
腋窩淋巴結

淋巴結有守護身體的作用，免受進入淋巴液的細菌或病毒的侵害。狗狗身上的主要淋巴結有5處。

肥大細胞瘤

症狀

・**皮膚紅腫**
・**有時會出現掉毛**
・**嘔吐、腹瀉或吐血**

原因

這是一種會出現在全身各處的腫瘤。形成於皮膚或皮下組織，腫瘤大小各異。有時是單一性，有時則為多發性。也以經常引發胃潰瘍為人所知。當一種名為組織胺的壓力物質進入肥大細胞瘤的細胞質中所含的顆粒中，導致顆粒破裂而釋出過多組織胺，因而造成胃潰瘍。

可以輕易與其他皮膚腫瘤做出區分，因此透過穿刺組織切片檢查來診斷肥大細胞瘤。級別愈高則惡性程度愈高，有時六個月左右便會致死。

經常會轉移至脾臟或肝臟，但幾乎不會轉移至肺臟。

治療

一般會採取外科切除的方式。肥大細胞瘤的邊界不明確，因此無論是面積還是深度皆應加大距離，大範圍地進行切除。之後大多還會進行放射線治療。若為一級，只須摘除即可，二級以上則須選擇使用類固醇、抗癌藥物與分子標靶藥物等的內科治療。

這是一種惡性程度高的腫瘤，因此早期發現至關重要。為此，希望飼主能透過每日按摩等來檢視狗狗的皮膚。

惡性纖維組織細胞瘤

症狀

・**經常在睡覺**　・**食慾不振**
・**貧血**　・**呼吸急促**

原因

這是一種由名為組織球的細胞增生所引起的惡性腫瘤。發病案例並不多，不過一旦發病就會快速擴散，是惡性程度高的腫瘤。好發於壯年乃至老年時期，偶爾也會發生在年幼時期。原因不明。

症狀會因發病部位而異，不過大多會出現貧血、呼吸器官或消化器官的功能異常。轉移的可能性也很高，經常轉移至肝臟或肺臟。

治療

先透過X光檢查、細胞學檢查與ＣＴ檢查等確定病名，**再採取外科治療切除腫瘤較為理想**。在無法切除的情況下則採取抗癌藥物治療。假如腫瘤並未擴散，亦可採取放射線治療。

即使加以治療，預後狀況也不容樂觀，聽醫生宣告餘命的狀況並不少見。

血管肉瘤

症狀

・貧血　・腹部腫大

原因

這是一種惡性程度極高的腫瘤，**血管所在之處皆有可能發病**。脾臟、肝臟、心臟與皮下組織等處的發病案例尤其多。往往是在腫瘤破裂後緊急送醫，或是進行超音波檢查才偶然發現。**有可能轉移至任何器官**。

治療

血管肉瘤破裂的風險高，也有不少案例是因為腫瘤破裂引起腹腔內出血而被緊急送醫。因此，**並不會進行手術前的穿刺組織切片檢查，而是透過超音波檢查或CT檢查來確認腫瘤的狀態**。

骨肉瘤

症狀

・跛行

原因

原因不明。**大約有八成的骨肉瘤是發生在四肢骨頭的末端**。狗狗會因為疼痛而跛行，不過在X光片上清晰可見時，往往已經轉移至肺部。初期很難透過X光檢查發現，CT檢查較有助於早期發現。

透過骨髓切片檢查來進行診斷。**治療則大多選擇截肢**。放射線與內科治療的目的在於減輕疼痛，因此無法阻止疾病惡化。

甲狀腺腫瘤

症狀

・頸部長出腫瘤　・呼吸困難
・顏面腫脹　・吞嚥困難

原因

目前發現的甲狀腺腫瘤大部分都是惡性的甲狀腺癌。這是一種浸潤性強的癌症，容易轉移至淋巴結、肺臟與肝臟。可透過頸部超音波檢查確認腫大的甲狀腺。然而，異位性甲狀腺腫瘤不會出現在固定位置，所以必須格外留意。

治療

大多會引起高鈣血症，因此有時是在高鈣的鑑別診斷中發現的。**透過外科手術切除為上策**，不過有時會結合放射線治療等來進行治療。若要摘除甲狀腺，**手術後必須持續投以甲狀腺激素劑**，並定期接受荷爾蒙定量檢查。**轉移的可能性極高**，因此必須持續接受檢查。

鱗狀上皮細胞癌

症狀

・**皮膚上出現腫塊、潰瘍**
・**出血**

原因

這是一種容易長在耳朵或鼻子尖端處、趾尖或口腔內的惡性腫瘤，有形成腫塊與形成潰瘍兩種類型。原因尚未釐清，不過紫外線或外傷等長期刺激也被視為原因之一。以高齡犬與白毛犬的發病案例居多。

長在口腔黏膜上的腫瘤表面脆弱而容易出血，一旦惡化就有可能轉移至頷骨或淋巴結。尤其是發生在舌根與扁桃體的腫瘤更容易轉移。

治療

基本上會**透過外科治療切除病變部位**。如果是發生在皮膚的癌症，不光是病變部位，連其周圍在內都要大面積地加以切除，力求徹底根治。

假如是口腔內的腫瘤，往往已經轉移至頷骨，所以有時必須切除一部分的頷骨。

倘若外科治療有難度，亦可採取放射線治療。

惡性黑色素瘤（Melanoma）

症狀

・**出血**　・**流口水**
・**有嚴重的口臭**

原因

這是一種**長在黏膜或皮膚上的惡性腫瘤**，英文稱作Melanoma。發生在舌頭、上頷與黏膜等口腔內部的案例特別多。原因尚未釐清，但目前顯示與**牙周病有所關聯**。

初期幾乎不會出現症狀，隨著病情惡化而腫瘤變大後，會開始容易流口水或出血。連食物都漸漸難以吞嚥且口腔異常發臭。腫瘤一旦浸潤骨骼等，就會破壞骨骼，連臉型都為之一變。惡性程度高，還有可能急遽變大，甚至是在初期階段就轉移至淋巴結或肺臟。

治療

與鱗狀上皮細胞癌一樣，除非在很早的初期階段就加以摘除，否則治療過程不容樂觀。**必須透過外科治療切除病變部位，且連其周圍在內都要大面積地切除**。除此之外，有時還會結合放射線治療等。

這是一種轉移可能性極高且預後不佳的惡性腫瘤，因此關鍵在於刷牙時應檢視口腔內部，力求早期發現。另外還有一種惡性黑色素瘤是非黑色的無色素性腫瘤。

潛伏於愛犬身邊的
中毒原因

除了眾所周知的洋蔥與巧克力外，可能會在狗狗身上引發中毒症狀的危險食物與植物不計其數。在此介紹務必格外留意的東西。

1 危險的食物

也要留意在烹調過程中掉落或孩童撒出來的食物。

蔥・洋蔥類

蔥或洋蔥中所含的「二烯丙基二硫」一旦被狗狗身體吸收，就會破壞紅血球。如果一次被大量破壞，就會引發溶血性貧血，最糟糕的情況下會致死。

主要症狀

- 引發貧血而身體搖晃不穩
- 血尿、血便　・腹瀉　・嘔吐
- 牙齦或眼睛黏膜變白 等

可可・巧克力類

可可豆是製作可可或巧克力的原料，內含「可可鹼」。這是對人類無害的成分，在狗狗身上卻有可能引起嘔吐、痙攣、發燒、心臟病發作等。不僅限於飲品，連可可粉都不宜食用。

主要症狀

- 嘔吐　・痙攣　・發燒
- 心臟病發作 等

葡萄與葡萄乾類

引發中毒的原因尚未釐清，狗狗一旦攝入，就會出現嘔吐、腹瀉、食慾不振等，進而引發急性腎衰竭。不僅限於新鮮的葡萄果肉，連葡萄乾與葡萄皮都一樣危險。

主要症狀

- 嘔吐、腹瀉
- 嚴重的腎臟損傷 等

咖啡與綠茶類

含有「咖啡因」的咖啡、紅茶、綠茶、烏龍茶與可樂等，對狗狗都是有害的。可能會引發咖啡因中毒，最糟糕的情況下甚至會致死。也有必要留意加了咖啡或紅茶粉末或是內含這些成分的點心。

主要症狀

・過度興奮　・大量流口水
・腹瀉、嘔吐　・痙攣 等

木糖醇類

木糖醇是一種人工甜味劑。狗狗一旦攝取便會引起「木糖醇中毒」，可能併發爆發性肝炎。應留意避免狗狗吃下桌上的口香糖或糖果，或是舔舐刷牙粉等。

主要症狀

・嘔吐　・腹瀉　・疲憊無力
・低血糖症　・黃疸（肝衰竭）等

夏威夷豆

原因不明，但是狗狗吃了會出現中毒症狀。夏威夷豆也常用於製作蛋糕或餅乾等，因此都必須格外留意。

主要症狀

・嘔吐　・痙攣　・發燒
・腿部無力而站不起來 等

銀杏

銀杏是連人類食用過量也會引發中毒的食物。狗狗也一樣，其內含的「銀杏毒素」會引起痙攣或者癲癇發作。散步途中務必留意，避免好奇心旺盛的柯基犬吃下掉落的銀杏。

主要症狀

・呼吸急促　・心律不整
・痙攣、癲癇發作
・嘔吐、腹瀉 等

2 身邊的危險物品

狗狗有時也會被隨意擺放的物品吸引。

人類專用的藥物與營養補給品

有不少狗狗會對飼主服用的藥物或營養補給品備感興趣。尤其是外裹一層糖衣的糖衣錠，牠們經常吃得津津有味。然而，藥裡所含的有些成分可能會致命，必須格外留意。

主要症狀

・以胃炎或胃潰瘍較為常見，不過不同的藥物會引發各種不同的症狀

指甲去光水

指甲去光水是揮發性與毒性都特別高的化妝品。有時光是吸入其蒸氣就

會引起嘔吐或頭痛。若附著在黏膜上則會引起發炎。當狗狗待在同一個空間時，最好不要使用。

主要症狀

- 嘔吐
- 頭痛
- 身體搖晃不穩
- 皮膚發炎 等

香菸

內含的「尼古丁」會引發中毒症狀。若不慎吞下泡過水的菸蒂，吸收力會比還沒抽的香菸還要快而危險。連漂浮著菸蒂的水也不宜飲用。

主要症狀

- 嘔吐、腹瀉
- 呼吸急促
- 過度興奮
- 大量流口水 等

殺蟲劑・防蟲劑

含有大量「硼酸」的蟑螂專用殺蟲劑與含有「對二氯苯」的防蟲劑很有可能引起中毒症狀。誤食放置型殺蟲劑是較為常見的狀況。設置時請務必確認狗狗的視線與動線。

主要症狀

- 嘔吐、腹瀉
- 大量流口水
- 痙攣
- 過度興奮 等

香水與化妝品

香水中含有「酒精」、部分化妝品則內含「過硼酸鈉」，這些都有可能導致狗狗出現中毒症狀。也要留意避免狗狗舔舐塗抹了護手霜或防曬乳的手。

主要症狀

- 嘔吐
- 疲憊無力
- 食慾不振 等

觀葉植物

觀葉植物是非常受歡迎的室內裝飾，但通常對狗狗有害。以柯基犬來說，牠們會出於好奇而啃咬葉子，有時還會刨挖根部，很有可能不小心吃進有害物質。中毒症狀會因植物的種類與攝取量而異，不過大多會引起嘔吐、口腔內嚴重發炎等。

購買觀葉植物之前應先確認安全性。此外，還須考慮到物理上的防範措施，比如裝飾於狗狗無法觸及之處，或讓狗狗無法靠近等。

較具代表性的觀葉植物

- 常春藤……口腔炎、大量流口水、喉嚨腫脹、嘔吐等
- 花葉萬年青……口腔炎、喉嚨腫脹、嘔吐等。大量攝取則會引發腎衰竭
- 龍血樹（幸福樹）……嘔吐、食慾不振、大量流口水等

3 戶外的危險物品

柯基犬最愛散步，因此務必格外小心。

除草劑

有些除草劑對狗狗身體而言是劇毒。不僅會經由吃草或舔草而進入體內，也有可能經由皮膚攝入或吸收飄散在空氣中的藥劑。在噴灑時期應確認狗狗的散步路徑上是否有噴灑。

主要症狀

- 嘔吐、腹瀉
- 痙攣
- 過度興奮
- 血便 等

有毒動物

狗狗和人類一樣，被蜜蜂螫傷或被蜈蚣咬傷後，有時也會出現腫脹、搔癢或發炎等中毒症狀。有些狗狗還有可能引發過敏反應，因此最好立即送至動物醫院就診。

柯基犬這類中型或大型犬經常會在發現蟾蜍時忍不住用嘴去叼而引起中毒症狀。蟾蜍會為了自保而從皮膚或腮腺分泌出劇烈毒液。其毒素對狗狗而言是有害的，會使口腔內部腫脹，或引起嘔吐與腹瀉。有時還會出現虛脫、癲癇發作或運動麻痺等症狀。

即便只是飲下蟾蜍所在處的水也會引起中毒，務必格外留意。

此外，有時也可能會發生二次性傷害，比如吃下誤食殺鼠劑的老鼠而引發中毒。

有毒植物

與觀葉植物一樣，行道樹與花圃中的草木中也存在有害物質。在庭院裡玩耍時誤食花圃中的有害花卉，或是刨挖出球根吃下肚等，這類危險都是可預期的。在此介紹一些庭院、公園或花圃中常見的有害植物。

較具代表性的植物

- 牽牛花・杜鵑花
- 繡球花・馬醉木・東北紅豆杉
- 紫茉莉・海芋
- 桔梗・夾竹桃
- 鐵筷子屬・仙客來
- 常綠杜鵑亞屬・瑞香
- 鈴蘭・蘇鐵
- 鬱金香・三色堇
- 紫藤花・百合 等

從令人在意的症狀

著手調查疾病

在此試著將飼主較容易在愛犬身上察覺到的異常按症狀分類，並列舉出較具代表性的病名。僅憑單一症狀無法判斷，因此只要覺得「愛犬與平常有異」，最好送至動物醫院就診。

食慾不振或食慾增加

食慾異常增加

腎上腺皮質機能亢進症

飲水量增加

糖尿病
慢性腎衰竭
腎上腺皮質機能亢進症
子宮蓄膿症

食慾全無

腸阻塞、腎衰竭
發燒、傳染病

明明有進食卻瘦了

肝衰竭、心臟衰竭
腎衰竭、胰臟炎、
胰腺外分泌功能不全
發炎性腸炎、腫瘤

大量流口水

口腔炎・舌炎
舌肌萎縮症
食道炎
誤嚥・誤食

※食慾是健康的晴雨表。除了內臟異常、免疫異常、關節異常等上述疾病外，當身體感到不適，通常都會食慾不振（或是食慾異常增加）。只要覺得愛犬與平常有異，請向動物醫院諮詢。

行走方式與平常不同

難以站起

髖臼發育異常
巨食道症

無法站立

椎間盤突出症
腦部功能異常
脊髓梗塞

一直抬著腿

關節炎、
髕骨脫臼・髖關節脫臼
前十字韌帶斷裂
骨腫瘤

步幅變長

退化性脊髓神經病變
（DM）

跛行

髖臼發育異常
前十字韌帶斷裂

走路時趾甲發出聲音

退化性脊髓神經病變
（DM）

身體搖晃不穩

腦部功能異常
急性胰臟炎
免疫功能異常

嘔　吐

喝水也會吐

腸阻塞
急性腸胃炎

未進食也會吐

肝炎、腎炎
胰臟功能異常
尿路結石

進食後嘔吐

胃炎、急性腸胃炎
腸胃功能異常
巨食道症

腹瀉或便祕

不斷腹瀉

巨食道症、
消化器官功能異常
會陰疝氣
食物過敏
病毒感染、細菌感染、體內寄生蟲

排出水便

腸阻塞
犬小病毒感染症、
犬冠狀病毒感染症

多日未排便

會陰疝氣
前列腺肥大

血便

大腸炎

原因也
五花八門呢。

小便與平常不同

排不出尿

急性腎衰竭、會陰疝氣
膀胱炎、尿路結石
輸尿管・尿道阻塞、前列腺肥大

排尿次數或尿量增加

慢性腎衰竭、尿路結石
膀胱炎、子宮蓄膿症
腎上腺皮質機能亢進症
腎上腺皮質機能低下症

排尿時發出嗚咽聲且顯露出疼痛的模樣

腎臟異常
膀胱炎
尿路結石
輸尿管・尿道阻塞

排出血尿

膀胱炎、尿路結石
前列腺炎・前列腺肥大
免疫異常
免疫性溶血性貧血
蔥中毒

尿液氣味變得濃烈

膀胱炎

體味與平常不同

耳朵發臭

外耳炎・內耳炎・中耳炎
耳疥癬等傳染病

口腔發臭

牙周病、口腔炎・舌炎
消化器官功能異常
尿毒症

膚色與平常不同

皮膚發黃

免疫性溶血性貧血
肝炎、膽管阻塞

出現紫斑

免疫性血小板減少症
再生不良性貧血

皮膚上出現顆粒狀突起物

皮膚異常（跳蚤、蟎蟲）
傳染病、過敏
內分泌系統異常
膿皮症、皮膚腫瘤

皮膚發紅

傳染病、皮膚異常
過敏
內分泌系統異常

有搔癢或掉毛

毛髮異常脫落

睪丸腫瘤・卵巢腫瘤
甲狀腺機能低下症
腎上腺皮質機能亢進症
膿皮症
各種傳染病
皮膚異常
抗癌藥物

出現皮屑

膿皮症
各種傳染病
皮膚異常
脂漏性皮膚炎

奇癢無比

各種傳染病
皮膚異常
食物過敏
疥癬、脂漏性皮膚炎

呼吸聲與平常不同

咳嗽

氣管塌陷
支氣管炎
肺部異常
食道炎
絲蟲病
犬舍咳

鼾聲大作

軟顎下垂

發出喘息聲

軟顎下垂
氣管異常
肺部異常

眼睛狀況與平常不同

眼睛睜不開

角膜炎
青光眼

無法正常眨眼

乾眼症

眼睛發紅

角膜炎、結膜炎
乾眼症
青光眼、眼內出血

瞳孔顏色與平常有異

青光眼（呈綠色）
視網膜剝離（呈混濁的褐色或紅黑色）
眼內出血（呈紅色）

急遽消瘦或浮腫

全身浮腫

心臟異常、消化器官異常
腎衰竭、肝衰竭

急遽消瘦

消化器官異常、腎衰竭
肝衰竭、惡性腫瘤
腎上腺皮質機能低下症

其他症狀

發燒

關節炎、病毒感染
免疫異常

昏厥

心臟系統異常、心律不整
腎上腺皮質機能低下症
腦部或神經系統異常、癲癇

引起痙攣

腦瘤、心臟系統異常
癲癇
腦炎（狂犬病、犬瘟熱）
低血糖、低鈣
胰臟炎、腎衰竭

如果覺得愛犬無精打采或不如往常好動……

柯基犬與人類一樣，身體有任何不適，就會變得不如往常般有活力，動作也會變得遲緩。只要發現愛犬無精打采，最好確認一下有無食慾、有無嘔吐、糞便或尿液狀況有無異常、觸碰身體時是否有哪些部位會痛，以及身體是否有腫脹或浮腫。如果發現異常，應立即送至動物醫院，有助於疾病的早期發現。

若發現這些症狀，請立刻送往動物醫院！

在此彙整了會危及性命的高度緊急症狀。
應立即聯絡動物醫院尋求指示。

■呼吸困難
可能無法順利吸入氧氣。對腦部與所有器官都會造成影響。

■持續嘔吐與腹瀉超過2次
如果1天內超過2次腹瀉與嘔吐不止，應當天就送至動物醫院。

■超過半天未排尿
可能是因為尿路結石、腎衰竭等而引發排尿困難。若引發尿毒症會很危險。

■突然無法站立或無法行走
可能是因為腦部或神經損傷。柯基犬是容易罹患椎間盤突出症的犬種，因此應立即送至動物醫院。

■1週未排便
狗狗原本是與便祕無緣的生物。如果未排便，可能是因為會陰疝氣或腫瘤等大腸功能異常。

■痙攣發作不止
痙攣通常會在幾分鐘內結束。如果1天內持續2次以上，請向動物醫院諮詢。

■排出焦油狀的漆黑糞便
可能是因為誤食、肥大細胞瘤、胃癌、十二指腸潰瘍、寄生蟲、病毒感染等而引發腸胃出血。

■吞食或觸碰到有毒物質
若吃下162～165頁介紹到的有毒物質，應立即送至動物醫院治療。

■嘔吐物或腹瀉物中帶血
可能是因為血小板減少症、腸胃內嚴重發炎、胃癌、肥大細胞瘤、食道炎、病毒感染等。應立即就醫。

■疲憊無力而動彈不得
如果發現腹部膨脹、腹水或發燒，應立即送至動物醫院。夏季還有中暑的風險。

疾病名稱索引（依筆畫）

—1至5劃—

—6至10劃—

監修：**野矢 雅彥** 醫生

野矢動物醫院院長。日本獸醫畜產大學畢業後，於1983年開設野矢動物醫院。除從事寵物的診察與治療外，也監修並撰寫了多本寵物相關書籍，志在讓動物與人類建立更良好的關係，並提供動物友善的醫療。
著有《理解狗的語言》（經濟界）、《與狗狗一起生活》（中央公論新社），還負責監修誠文堂新光社出版的《依犬種分類 一起生活的基本手冊》系列等。
野矢動物醫院
埼玉県日高市上鹿山143-19
TEL：042-985-4328　http://www.noya.cc/

> 日文版 STAFF <

企劃・進行　Corgi Style編輯部
內文　伊藤英理子、上遠野貴弘、金子志緒、小室雅子、野中真規子、溝口弘美
照片　奥山美奈子、斉藤美春、佐藤正之、田尻光久、日野道生、森山 越
設計　岸 博久（メルシング）
插畫　山田優子

柯基的家庭醫學百科

2024年3月1日　初版第一刷發行

編　　者　Corgi Style編輯部
譯　　者　童小芳
編　　輯　魏紫庭
美術編輯　黃瀞瑢
發 行 人　若森稔雄
發 行 所　台灣東販股份有限公司
<地址>台北市南京東路4段130號2F-1
<電話>(02)2577-8878
<傳真>(02)2577-8896
<網址>http://www.tohan.com.tw
法律顧問　蕭雄淋律師
總 經 銷　聯合發行股份有限公司
<電話>(02)2917-8022

TOHAN

國家圖書館出版品預行編目（CIP）資料

柯基的家庭醫學百科/Corgi Style編輯部編；童小芳譯. -- 初版. -- 臺北市：臺灣東販股份有限公司, 2024.03
176面；14.8×21公分
ISBN 978-626-379-282-1（平裝）

1.CST: 犬 2.CST: 寵物飼養 3.CST: 獸醫學

437.355　　113000916